南美洲生态环境遥感监测

葛岳静　刘素红　梁顺林　马　腾　于佩鑫　著

科学出版社

北京

内 容 简 介

　　本书基于多种传感器获取的卫星遥感数据产品和多类型地图资料等信息，结合社会统计数据，针对南美大陆的主要自然区、13 个国家和地区以及 8 大节点城市的生态环境特征与限制因子开展遥感监测与评估，对城市宜居水平和发展潜力进行分析与评估。

　　本书可作为遥感科学与技术、城市规划、城市地理学、区域经济和世界地理等领域科研与教学人员及政府管理干部的参考书。

审图号：GS(2018)3243 号

图书在版编目（CIP）数据

南美洲生态环境遥感监测 / 葛岳静等著 . —北京：科学出版社，2018.10
ISBN 978-7-03-059059-6

Ⅰ . ①南… Ⅱ . ①葛… Ⅲ . ①生态环境－环境遥感－环境监测－南美洲 Ⅳ . ① X87

中国版本图书馆 CIP 数据核字 (2018) 第 227474 号

责任编辑：朱海燕　籍利平 / 责任校对：何艳萍

责任印制：徐晓晨 / 封面设计：图阅社

科 学 出 版 社 出版
北京东黄城根北街 16 号
邮政编码：100717
http://www.sciencep.com

北京虎彩文化传播有限公司 印刷
科学出版社发行　各地新华书店经销
*

2018 年 10 月第 一 版　开本：787×1092　1/16
2019 年 6 月第二次印刷　印张：9
字数：198 000

定价：99.00 元
（如有印装质量问题，我社负责调换）

前　言

南美洲是指巴拿马运河（地峡）以南的美洲地区，大部分处在低纬度，80% 的地区处在热带和亚热带，气候温和，温差较小，雨量充沛且季节分布相对均匀，世界流域面积最大的亚马孙河流域分布有世界最大的、保存最完整的热带雨林，生物多样性显著，对全球变化的区域响应明显。自然资源丰富，富藏石油、煤炭、铁、铜及各种有色金属矿、渔业资源、热带经济作物等，对世界经济意义重大。

同为古文明发祥地，但南美洲和中国相距遥远。2016 年 11 月，在中国推进"一带一路"国际合作的进程中，习近平主席对南美洲三国进行了国事访问，在多个场合以"志合者，不以山海为远""从中国到秘鲁"（from China to Peru）这一《英汉大词典》的谚语，表达了中国和南美国家虽然远隔重洋，但中国可以与南美国家共同探讨推进亚太发展的新思路和新举措，南美洲各国与中国有着共同的友谊纽带和合作共赢需求。

通过遥感技术能快速获取全球各区域的生态环境数据和信息，帮助人类甄别生态脆弱区、环境质量退化区、重点生态保护区等，可为科学认知区域生态环境本底状况提供数据基础；同时，通过遥感手段快速获取南美洲的生态环境要素动态变化，发现其生态环境时空变化特点，可为科学评估南美洲经济增长的生态环境影响提供科技支撑；此外，对重要节点城市高分辨率遥感信息的获取，还将提供系列数据，用于监测与评估南美洲重大工程建设项目投资前期、中期、后期的生态环境，分析其生态环境特征、发展潜力及可能存在的生态环境风险。

本书首先针对南美洲土地覆盖／土地利用状况、光温水等气候条件和主要生态资源的分布等生态系统状况进行分析；选取奥里诺科平原和圭亚那高原、亚马孙河流域和巴西高原、潘帕斯草原和巴塔哥尼亚高原、安第斯山脉沿线四大地理区域，重点分析其地形、气候、灾害和保护区等约束因素等；选取里约热内卢、圣保罗、巴西利亚、布宜诺斯艾利斯、利马、圣地亚哥、基多和波哥大等 8 个重要的节点城市，从城市内部结构与周边环境出发，利用城市建成区不透水层遥感数据、10km 缓冲区土地覆盖产品和城市夜间灯光数据变化，对城市宜居水平和扩展潜力进行分析，通过遥感监测手段对南美洲重要节点城市现状和未来发展进行评价，进而为南美洲城市建设与发展提供决策支持。

本书中所使用的数据是基于对 2000 ～ 2015 年的风云卫星（FY）、海洋卫星（HY）、环境卫星（HJ）、高分卫星（GF）、陆地卫星（Landsat）和地球观测系统（EOS）

Terra/Aqua 卫星等多源、多时空尺度遥感数据的标准化处理和模型运算所形成的遥感数据产品，对南美洲地区的生态环境及社会经济发展状况进行全面系统的分析。形成的分析报告及相关数据集成果可为南美洲的生态环境监测、城市规划等工作提供数据支持与服务。此外，本书所用遥感数据来自全球陆表特征参量（global land surface satellite，GLASS）遥感数据集产品、"多源数据协同定量遥感产品生产系统"（MUSYQ）等。衷心感谢相关研发专家和徐新良、李静、高帅、穆西晗、刘素红、张海龙等数据产品研制人员的学术贡献！本书的编纂和出版得到北京师范大学遥感科学国家重点实验室的支持和资助，在此表示衷心的感谢！

作　者

2016 年 12 月

目　录

第1章 南美洲生态环境特点与社会经济发展背景

南美洲位于西半球南部，东、西为大西洋、太平洋所环绕，是世界上面积第四大洲。南美洲地势西高东低，大部分位于热带地区，气候以热带雨林气候和热带草原气候为主，区域内河流众多，流域面积广。南美洲经济并不发达，多属发展中国家，且区内国家间发展水平差距较大，但自然资源丰富，区域发展潜力较大。

南美洲是中国"一带一路"拓展方向区，与南美洲各国的经济、贸易、文化交流合作空间广大。南美洲是中国重要的粮食、能源、矿产的重要进口来源地，与许多国家产业合作较为紧密，高科技合作方兴未艾。中国与巴西、阿根廷、秘鲁、智利、委内瑞拉、厄瓜多尔等国建立了战略伙伴关系，与安第斯共同体建立了政治磋商与合作机制，双边合作前景广阔。

1.1 区 位 特 征

本书所述的南美洲系指东濒大西洋，西临太平洋，北以巴拿马运河（地峡）为界，南与南极洲隔海相望，所定义与进行遥感分析的区域仅限于南美洲大陆，具体经纬范围为：北至 13°23′N，南至 59°29′S，东至 26°14′W，西至 109°27′W；东西跨越 83 个经度，南北跨越 73 个纬度，总体范围较大。

1.1.1 南美洲的区位特征

1. 美国后院，南极前沿

早在 1823 年，时任美国总统门罗在《门罗宣言》中提出"美洲是美洲人的美洲"，之后欧洲国家的势力逐渐被美国排挤出了拉丁美洲[①]，南美洲（图 1-1）也自然地成为了美国的"后院"。在政治上，美国一方面极力维护南美洲的稳定，以避免来自南美的军事与安全威胁，因为南美各国的不稳定因素均会对美国的国家安全与利益构成直接威胁；另一方面，美国又极力阻止世界上其他大国在南美洲扩大影响力，并通过政治、军事、

---

① 拉丁美洲，指美墨边界以南的 32°42′N 和 56°54′S 之间的大陆，包括墨西哥、中美洲、西印度群岛和南美洲。人文地理上，拉丁美洲原属西班牙和葡萄牙殖民地，语言隶属拉丁语系，现有 34 个国家和地区。自然地理上，墨西哥、中美洲、西印度群岛与北美大陆同属于北美洲。

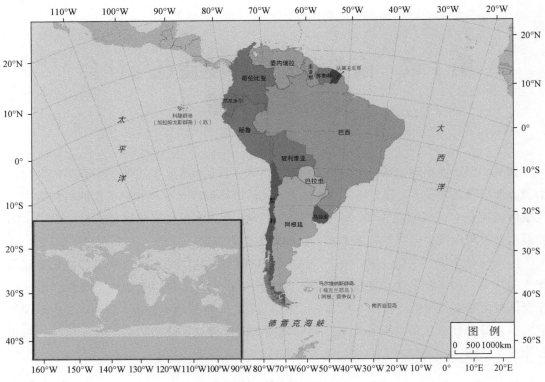

图 1-1 南美洲位置示意图

外交等多种手段加强对南美地区的控制。在经济上，由于南美洲各国出口多以石油、水产等初级产品为主，美国通过进口南美洲的资源型产品，向其出口高附加值的工业产品，利用技术优势与价格的"剪刀差"，在很大程度上控制了南美各国的对外经济贸易。

　　南美洲隔德雷克海峡与南极大陆相望，最南端的合恩角距南极半岛仅 967km，因此南美洲也成为走向南极的前沿阵地。在世界大国筹划各自南极战略的同时，南美洲国家也积极谋求在南极大陆的利益与影响力。由于南极洲实际和潜在的地缘战略意义，智利、阿根廷、巴西均对南极提出过领土要求，并强调保护本国在南极的权益，已达对该地区实现控制和影响的目的。此外，依托天然的区位优势，智利与阿根廷已经成为往来南极洲重要的补给与转运中心。

　　2. 能源引领经济外交，区域合作深入加强
　　南美洲共有 28 个油气盆地，油气资源储藏丰富，资源开发潜力巨大。自 20 世纪 90 年代以来，南美洲各国初级产品占货物出口总额的比重均大于 50% 以上，其中石油天然气出口所占比重最高。近年来，南美洲国家的外交活动非常活跃，尤其是南美头号石油产出国委内瑞拉与头号乙醇燃料产出国巴西在国际舞台上积极开展能源外交，利用能源优势在地区事务中确立了自身的主导地位，同时也促进了区域能源合作一体化的进程。

南美洲区域合作进程显著，2004年，已有的区域合作组织南方共同市场（阿根廷、

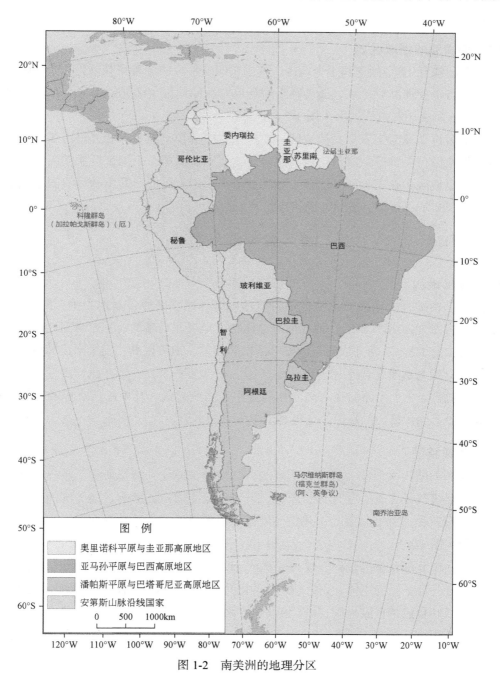

图 1-2　南美洲的地理分区

巴西、乌拉圭、巴拉圭和委内瑞拉）、安第斯共同体（玻利维亚、哥伦比亚、厄瓜多尔、秘鲁）与智利、圭亚那和苏里南共 12 个国家宣布成立南美国家共同体。为了深化区域一体化，2007 年更名为南美洲国家联盟（Union of South American Nations），进一步推动南美各国各领域全方位一体化的进程。

1.1.2　南美洲的地理区划

南美洲共有 12 个国家和 1 个地区，本书按照地形区的分布将其分为 4 个地区：奥里诺科平原与圭亚那高原地区、亚马孙平原与巴西高原地区、潘帕斯平原与巴塔哥尼亚高原地区和安第斯山脉沿线国家（图 1-2）。

奥里诺科平原与圭亚那高原地区主要包括委内瑞拉，圭亚那和苏里南 3 个国家和法属圭亚那地区；亚马孙平原与巴西高原地区主要涵盖巴西一个国家；潘帕斯草原与巴塔哥尼亚高原地区包括阿根廷、巴拉圭和乌拉圭 3 个国家；安第斯山脉沿线国家包括哥伦比亚、厄瓜多尔、秘鲁、玻利维亚和智利 5 个国家。

1.2　自然环境特征

1.2.1　地形地貌

除西部山地外，南美洲地势低平，整体以低高原、平原、盆地为主，海拔在 200m 以下的地区占全洲 40% 以上。地被形态总体特征呈现西高东低、平原与高原南北相间分布的格局（图 1-3）：西部以狭长的安第斯山脉为主，地势较高；安第斯山脉以东，地形由北至南分别为奥里诺科平原、圭亚那高原、亚马孙平原、巴西高原、潘帕斯平原、巴塔哥尼亚高原，3 个平原与 3 个高原相间分布，高低起伏。其中巴西高原和亚马孙平原分别为世界上面积最大的高原（南极高原除外）与平原。

1.2.2　气候特征

南美洲大陆为大西洋与太平洋所环绕，气候类型海洋性特征明显，且赤道从北部贯穿全洲，热带气候显著。受地形、洋流、大气环流等因素的影响，南美洲的地带性气候类型主要有三种，分别为中北部热带性气候、南部亚热带季风性湿润气候和西部亚热带夏干气候（图 1-4）。

南美洲中北部总体为热带气候，该区位于赤道附近，大部分处在赤道低气压带范围内，以广阔的亚马孙平原为主体，具体气候类型由西北向东南逐渐延伸，分别为热带雨林气候、热带季风气候和热带草原气候，属于热带性气候的主要有哥伦比亚、委内瑞拉、秘鲁大部、圭亚那，苏里南、法属圭亚那以及巴西北部；这一带的主要气候特征是温暖湿润，降水充沛且以夏雨为主，尤其是热带草原气候地区，干湿季明显。

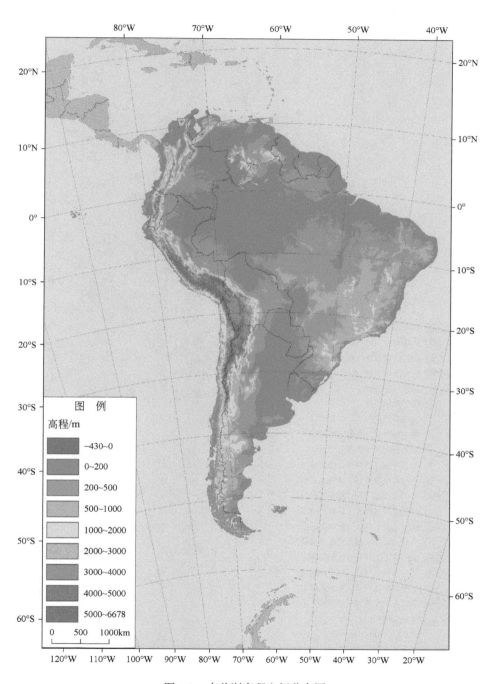

图 1-3　南美洲高程空间分布图

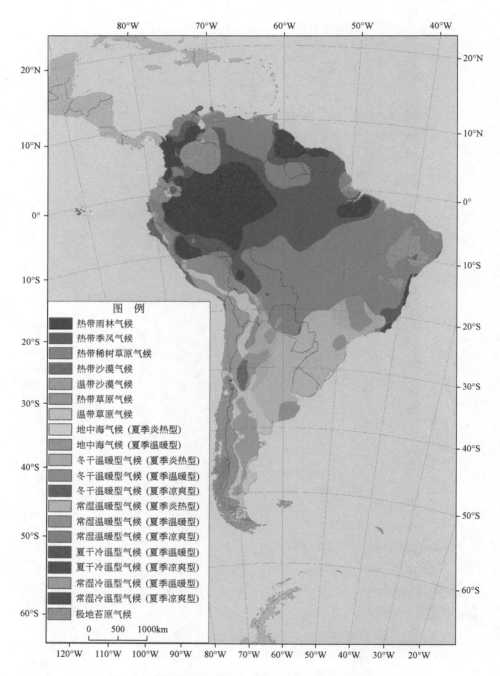

图例

热带雨林气候
热带季风气候
热带稀树草原气候
热带沙漠气候
温带沙漠气候
热带草原气候
温带草原气候
地中海气候（夏季炎热型）
地中海气候（夏季温暖型）
冬干温暖型气候（夏季炎热型）
冬干温暖型气候（夏季温暖型）
冬干温暖型气候（夏季凉爽型）
常湿温暖型气候（夏季炎热型）
常湿温暖型气候（夏季温暖型）
常湿温暖型气候（夏季凉爽型）
夏干冷温型气候（夏季温暖型）
夏干冷温型气候（夏季凉爽型）
常湿冷温型气候（夏季温暖型）
常湿冷温型气候（夏季凉爽型）
极地苔原气候

图 1-4　南美洲气候类型（根据柯本气候类型图改绘）

南部地区属于亚热带季风性湿润气候,该区域位于南美大陆东岸,大西洋西侧,处在副热带高压带所控制的季风范围内。这一带的主要气候特征是夏季高温多雨,冬季温和少雨,四季较为分明。属于亚热带季风性湿润气候的主要有乌拉圭、巴拉圭、巴西南部和阿根廷北部。

西部安第斯山脉地区受地形影响及西风带和副热带高气压交替控制,形成典型的地中海气候,在北部沿海甚至出现了热带沙漠性气候,主要有厄瓜多尔、秘鲁西部、玻利维亚西部、智利及阿根廷南部。这一带的气候特征是夏季炎热干燥,冬季温和湿润。南端间或出现了海洋性湿润气候和干旱沙漠性气候。总体来看,南美洲的气候类型以热带为主,温暖湿润,除西部山地外天然降水充足,鲜有极端天气的出现。

1.2.3　水文特征

南美洲河流受安第斯山脉的影响,以安第斯山为界东西分为大西洋与太平洋两大水系。东部大西洋水系河流众多,流量大且流域面积广,水利资源十分丰富。其中亚马孙河为世界流量最大、支流最多、流域面积最广的河流,灌溉了整个亚马孙平原,航运与水能价值巨大。西部太平洋水系河流短、流速快,直接注入太平洋,由于落差较大其水力资源丰富。南美洲水系内流区域较小,湖泊数量不多,但由于地势落差较大,境内瀑布分布较广,其中安赫尔瀑布为世界上落差(979m)最大的瀑布。

1.2.4　植被特征

南美洲气候温暖湿润、水资源充足,适宜植物生长,地表植被覆盖度高;由于地形、气候等因素的影响,植被特征在空间分布上存在着一定的区域分异。南美洲森林主要包括热带/亚热带湿润阔叶林、热带/亚热带草原/稀树草原/灌丛、温带草原/稀树草原/灌丛、山地草原/灌丛、温带阔叶混生林和沙漠/旱生灌丛,此外还有少量的热带/亚热带干旱阔叶林和洪泛区稀树草原(图1-5)。在空间分布上,南美洲北部以及东南沿海地区的植被类型主要为热带/亚热带湿润阔叶林;中部地区主要以热带/亚热带草原/稀树草原/灌丛为主;受地形及洋流影响,巴西东部、秘鲁西部、委内瑞拉北部等沿海地区均有沙漠/旱生灌丛分布;西侧安第斯山脉自北向南依次为山地草原/灌丛、地中海森林/疏林/灌丛和温带阔叶混生林;南部地区基本上被温带草原/稀树草原/灌丛所覆盖。

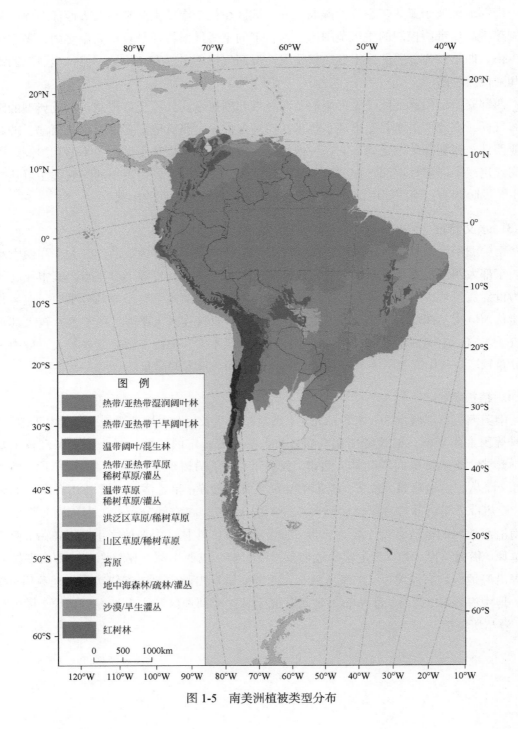

图 1-5 南美洲植被类型分布

图 例

- 热带/亚热带湿润阔叶林
- 热带/亚热带干旱阔叶林
- 温带阔叶/混生林
- 热带/亚热带草原
  稀树草原/灌丛
- 温带草原
  稀树草原/灌丛
- 洪泛区草原/稀树草原
- 山区草原/稀树草原
- 苔原
- 地中海森林/疏林/灌丛
- 沙漠/旱生灌丛
- 红树林

0 500 1000km

1.3　社会经济特征

1.3.1　人口、种族与宗教概况

南美洲总人口近 4.2 亿（2015 年），由于南美洲各国绝大多数仍属于发展中国家，年人口增加率均大于 1%，属于人口快速增长阶段，但近年人口增速不断下降（图 1-6）。从空间分布来看，南美洲人口密度总体水平偏低，在国家尺度上分布相对均匀，除西北部的哥伦比亚、厄瓜多尔、委内瑞拉人口密度较大外，其余国家人口密度均少于 30 人 /km² （2015 年）（图 1-7）。

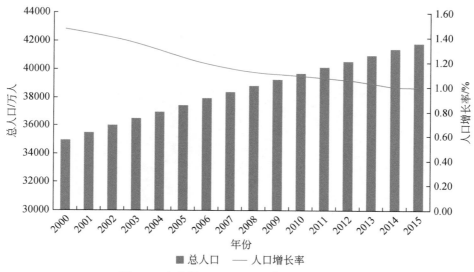

图 1-6　南美洲 2000 ~ 2015 年人口增长曲线

南美洲种族构成较为复杂，大致可以分为以下三类：以土著居民印第安人为主的黄种人；以西班牙和葡萄牙人为主的向南美洲移民的白种人；还有 17 ~ 19 世纪通过奴隶贸易由非洲而来的黑人。此外，经过几个世纪的发展，当今南美洲主要人种还包括黑白混血、印欧混血等混血种人。具体来看：以印欧混血为主的国家和地区占到了绝大多数，包括哥伦比亚、委内瑞拉、智利、厄瓜多尔、巴拉圭；以白人为主的国家和地区包括巴西、阿根廷、乌拉圭；以印第安人为主的国家和地区包括秘鲁、玻利维亚；以印度人为主的国家和地区有圭亚那和苏里南。南美洲宗教信仰较为单一，大多居民信奉天主教，少数居民信奉基督新教。

1.3.2　社会经济状况

1. 主要农业和矿产资源

南美洲平原广阔、气候湿润、土壤肥沃，物产丰富。森林覆盖率高，占南美陆地面

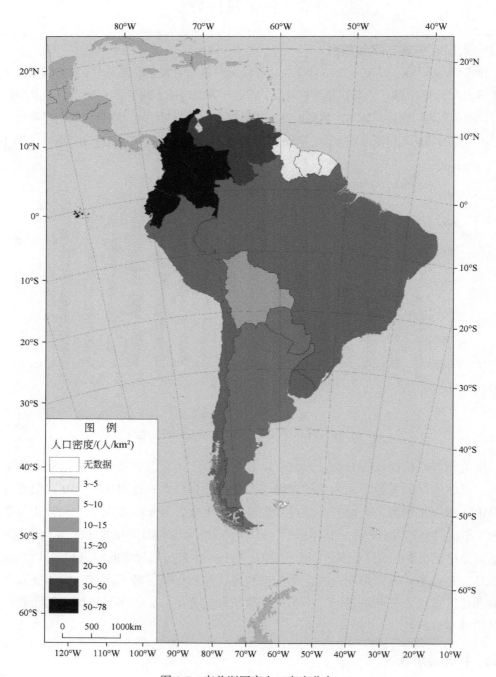

图 1-7 南美洲国家人口密度分布

积 50% 以上；海洋资源丰富，其中秘鲁沿海和巴西沿海为南美两大著名渔场；农业以种植经济作物为主，是世界上甘蔗、香蕉、咖啡、可可、柑橘等的主产地，巴西的香蕉和咖啡产量居世界第一；阿根廷是世界牛、羊肉出口大国。南美洲的主要矿物资源为石油、煤、天然气、铁矿、铜矿与铝土矿，其中石油主要分布在委内瑞拉，铁矿主要分布在巴西，天然气与煤主要集中在委内瑞拉、阿根廷、巴西和哥伦比亚，铜矿主要集中分布于秘鲁和智利，铝土矿则主要分布在苏里南。南美洲优越的自然条件和自然资源为其社会经济发展奠定了良好的基础。

2. 经济发展状况

由 2000 ～ 2015 年南美洲国内生产总值的变化来看，南美洲整体经济总量相对较小，发展速度快，但易受外部环境的干扰而产生波动。近年来受到经济危机、全球产能过剩等因素的影响，增速在 2014 年之后再次出现了负增长的情况（图 1-8）。从经济发展水平的空间分布来看，沿海国家经济水平明显高于内陆国家（图 1-9），其中南部的乌拉圭、智利和阿根廷等国经济发展水平最高。

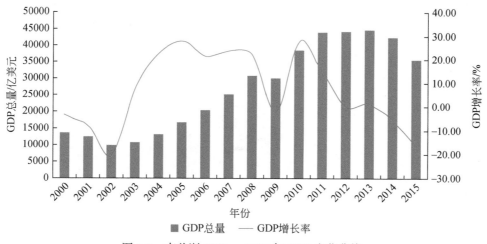

图 1-8　南美洲 2000 ～ 2015 年 GDP 变化曲线

3. 与中国贸易状况

南美洲和中国经贸往来频繁，双边贸易规模不断增长。受国际金融危机影响，南美洲进出口贸易量出现波动，但与中国的贸易额持续增长，所占比重也持续不断提升（图 1-10），呈现出双边贸易互补性强，潜力巨大。

中国已经成为南美洲最大的贸易伙伴，2015 年与中国货物贸易额占南美洲对外贸易总额的 17.77%。中国与南美各国应进一步深化贸易往来，加强货币、投资、金融等方面的合作，共同构建贸易框架合作协定，在贸易互补性的基础上向贸易一体化迈进。

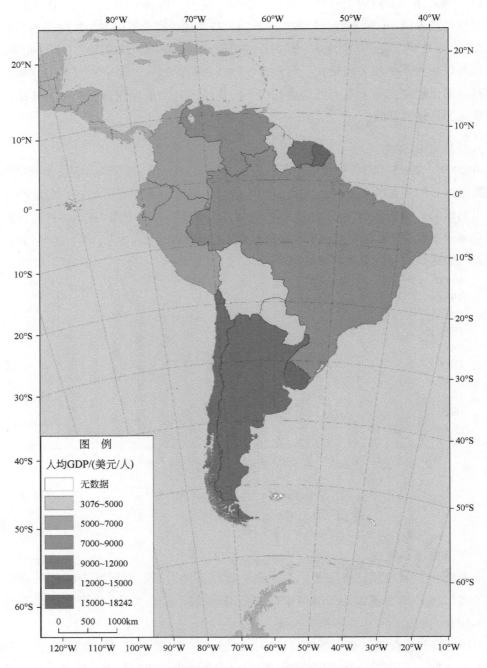

图 1-9　南美洲各国人均 GDP 分布（2015 年）

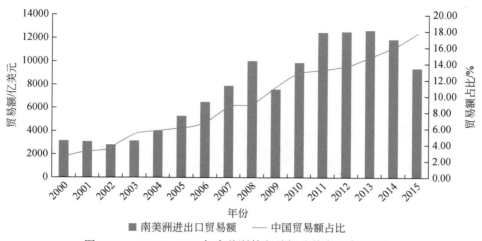

图 1-10　2000 ～ 2015 年南美洲外贸总额及其中国占比变化

1.3.3　城市发展状况

南美洲国家多为发展中国家，城市发展处于上升阶段，但由于人口分布多集中于城市区域，导致城市化率相对较高，呈现出与经济发展不对称的高城市化率的格局。由 2013 年灯光分布（图 1-11）来看，南美洲 2013 年灯光指数整体偏低，92.24% 的地区灯光指数为 0，6.02% 的地区灯光指数在 0 ～ 16 范围内，灯光指数大于 16 的地区仅占 1.75%。在空间分布上灯光指数呈现出中间低、四周高的格局，灯光指数最高的地区是西北沿海和东南沿海地区，主要包括厄瓜多尔、哥伦比亚、委内瑞拉三国城市带和以巴西圣保罗、里约热内卢为核心的城市群，表明这些区域工业化水平、城市化水平非常高，辐射作用显著。由 2000 ～ 2013 年灯光变化趋势（图 1-12）可见，南美洲 2000 年～ 2013 年间的灯光速率增长缓慢，90% 以上的地区灯光指数变化速率为 0，甚至出现负增长；9.2% 的地区增长速率不超过 1，增长速率大于 1 的地区仅占 0.73%，且仍为东南及北部沿海地区。

1.4　小　　结

南美洲地理区位优越，地缘战略位置突出，气候温暖湿润，水热条件与生态环境优势显著。南美洲自然资源丰富，各国产业多依赖于本国资源，出口商品亦为资源指向型产品；目前南美各国仍为发展中国家，近年来经济发展迅速，但由于受经济危机与国际产能过剩的影响，以资源为指向的各国经济呈现出波动下降的趋势。中国与南美洲国家都有着灿烂的古文明，近年来双边经贸联系更为频繁，在对外贸易上存在着很强的互补性。随着中国不断加大对南美洲的投资与贷款援助，加强基础设施建设领域的合作，推进贸易双边一体化进程，中国与南美洲之间的合作必将会提升到新的高度。

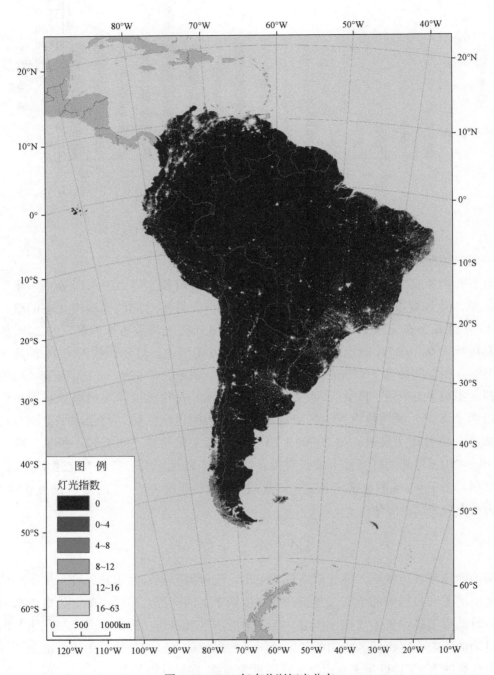

图 1-11 2013 年南美洲灯光分布

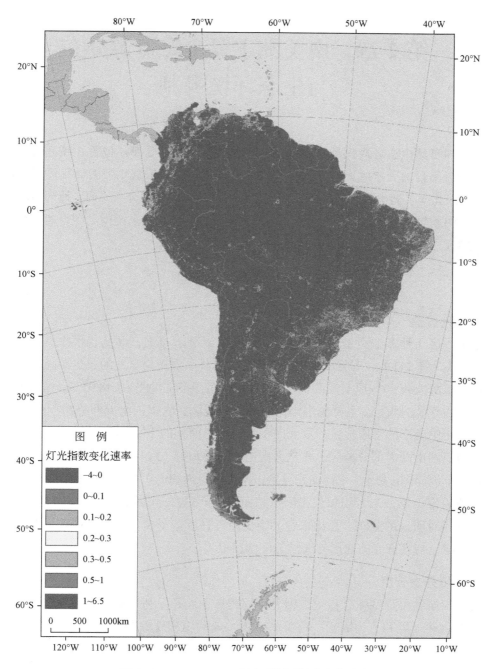

图 1-12 2000～2013 年南美洲区灯光变化速率

第2章 南美洲主要生态资源分布与生态环境限制

南美洲自然生态环境优越，森林覆盖率较高，但由于受海陆位置、纬度范围、地形要素及洋流等自然因素的影响，气候类型丰富多样，包含了从热带雨林气候到热带沙漠气候等，因此南美洲生态多样性特征明显。由生态资源的空间分布来看，地形影响了东、西部之间的差异，纬度位置影响了南、北之间的不同。但总体来说南美洲自然条件优越，自然非障区占主体地位，生态环境制约作用有限。

2.1 土地覆盖与土地开发

2.1.1 土地覆盖

南美洲区土地覆盖类型主要有 8 类：农田、森林、草地、灌丛、水体、人造地表、裸地及冰雪（图 2-1）。南美洲生态环境优越，森林、农田与草地的覆盖率高（图 2-2），三者覆盖了南美洲 80% 以上的面积，其中森林占南美洲总面积的 48.95%，远高于全球平均森林覆盖率（31%），主要集中于亚马孙平原地区；农田占南美洲总面积的 17.61%，主要分布于中南部的平原地区。草地面积占南美总面积的 15.74%，主要位于森林与农田周围及南美洲南部大部分地区。灌丛占南美洲总面积的 12.21%，覆盖率较高，间或分布在森林与草地周围；裸地、水体面积分别占南美洲总面积的 3.49% 和 1.49%；而人造地表、冰雪的覆盖率极低，二者相加仅占南美总面积的 0.53%，其中冰雪只在智利南部的安第斯山地有相对明显的分布。总体来看，南美洲森林覆盖率高，农田与草原分布广阔，生态环境优越，与其良好的地形与气候条件息息相关。

2.1.2 土地开发强度

采用土地利用程度综合指数数据分析南美洲土地开发利用的综合程度及影响土地利用程度的自然环境和人为因素。南美洲整体土地利用程度综合指数不高，指数大于 250 以上的区域占南美洲总面积不足 20%，低值区主要分布在森林和裸地区域，高值区主要分布在农田、草地及部分沿海地区（图 2-3）。亚马孙平原地区原始森林广布，气候炎热多雨，不适合人类居住从而限制了人类对该区域开发利用，土地利用综合程度较低。除

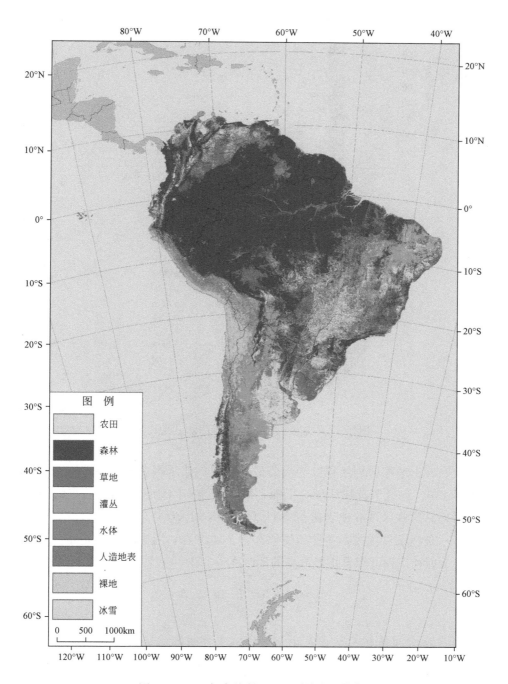

图 2-1 2015 年南美洲区土地覆盖类型分布

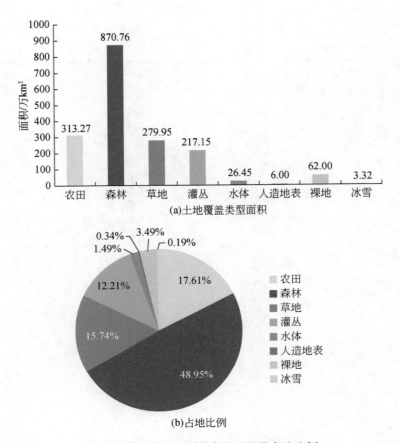

图 2-2　南美洲土地覆盖类型面积及占地比例

此之外，山地的土地综合利用程度为南美最低区域，如西部安第斯山脉的土地利用综合指数均小于 150，远低于其他区域。土地利用程度较高的地区包括巴西东南部及拉普拉塔河流域附近，这些区域的地表覆盖类型以农田和草原为主，是南美洲最主要的农业和畜牧业产区，自然条件优越，耕作历史悠久，土地综合利用程度高。此外，部分沿海城市区域也是土地利用程度综合指数最高的地区之一。

2.2　气候资源分布

1. 降水存在空间差异，总量差距大，区域差异明显

2014 年南美洲降水量空间分布总体呈现出西高东低、南北多、中间少的特征（图 2-4）。其中，紧邻太平洋一侧的西北沿海和安第斯山麓地区，以及哥伦比亚与委内瑞拉交界处部分地区降水量达 5000mm 以上，为全南美洲降水最高的地区。然而由于受洋流与沙漠

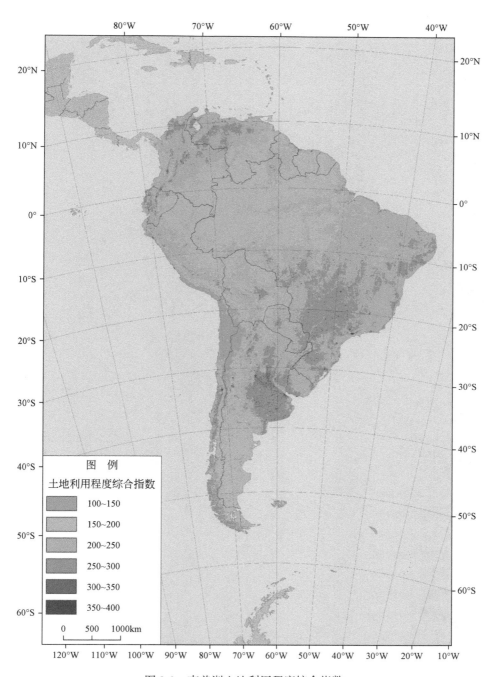

图 2-3　南美洲土地利用程度综合指数

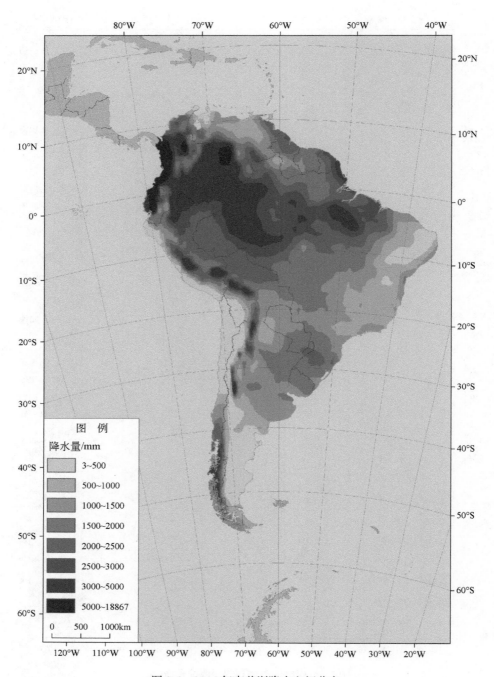

图 2-4　2014 年南美洲降水空间分布

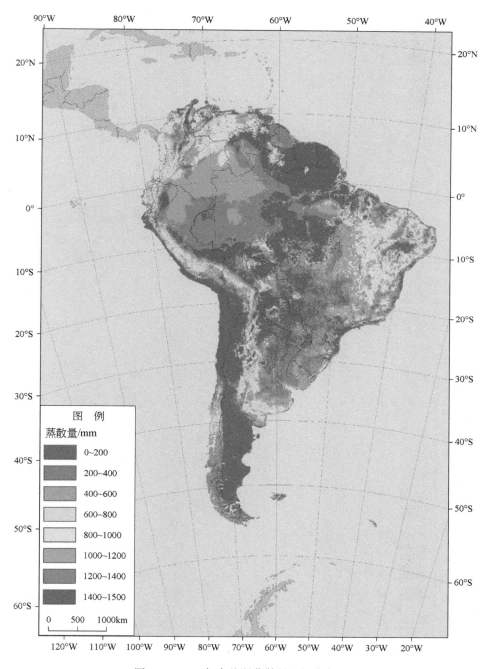

图 2-5　2014 年南美洲蒸散量空间分布

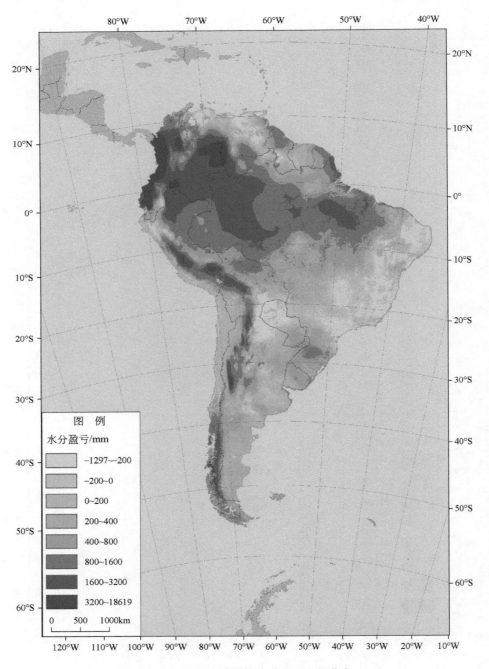

图 2-6　2014 年南美洲水分盈亏空间分布

气候的影响，西部、东部、南部的部分沿海地区则降水量普遍偏低，基本不足 500mm，为南美降水最少的区域。由此可以看出，南美洲降水量地区差异大，空间分布不平衡特征突显。

2. 地表实际蒸散总量较高、地区差异较大

由 2014 年南美洲蒸散量空间分布（图 2-5）可以看出，南美洲总体蒸散水平较高，区域内蒸散量差距明显。大部分地区年蒸散量为 1000mm 以上，占南美总面积的 60% 以上，最高年蒸散量可达 1400mm 以上，且广泛分布于中部与北部地区；而受海拔高度影响，西部安第斯山脉及东部等部分地区年蒸散量最少，不足 200mm，低于全球陆地平均年蒸散量（410mm）。

3. 水分盈亏区域差距大，分布与降水空间较一致

统计分析 2014 年南美洲水分盈亏空间分布，水分盈亏与降水的空间分布特征较为一致，总体呈现西高东低，南北多、中间少的空间格局（图 2-6）。南美洲水分盈亏空间分布较为集中，盈余较多的区域集中于西北与西南沿海与热带雨林地区，盈余量大于 1600mm 的区域占南美洲总面积的 16.73%，最多盈余可达 18619mm。而水分盈余小于 0mm 的亏损区域占总面积的 16.22%，主要集中于东南部巴西高原及北部和西部的热带沙漠气候分布的地带，最低值为 -1297mm。

2.3　主要生态资源分布

2.3.1　农田生态系统

南美洲的农田分布较广，总面积为 313.27 万 km^2，占南美陆地总面积的 17.61%（图 2-7），2015 年人均耕地面积达 0.75hm^2/人，远高于世界人均耕地面积。其中主要分布在南美洲东南部的平原地区，北部平原地区也有一些分布，这些地区地形平坦、气候温和、降水量丰富，适宜农作物生长，而其他地区由于自然条件的限制则少有农田分布。

2.3.2　森林生态系统

1. 森林资源丰富，以热带 / 亚热带阔叶林为主

南美洲植被类型中，森林类型占比最高，主要为热带 / 亚热带湿润阔叶林、地中海森林 / 疏林 / 灌丛和温带阔叶混生林等。其中热带 / 亚热带湿润阔叶林主要分布在南美洲北部以及东南沿海地区；地中海森林 / 疏林 / 灌丛和温带阔叶混生林主要分布在西侧安第斯山脉的中段与南段。南美洲森林覆盖面积达 870.76 万 km^2，占南美洲面积的 48.95%；人均森林面积达 2.08hm^2/人，远远高于世界平均水平。

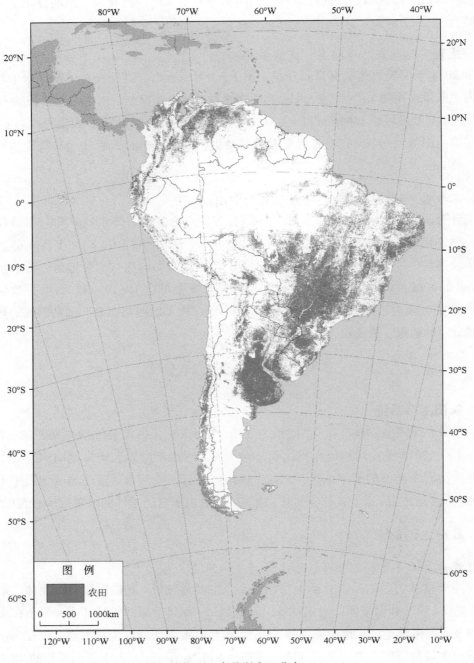

图 2-7　南美洲农田分布

2. 森林地上生物量总量外缘低、中间高

利用 1km 遥感植被盖度产品（FVC）分析 2014 年南美洲森林地上生物量空间分布特征（图 2-8），森林地上生物量分布集中于南美洲北部，且总体水平较高，生物量高于 100t/hm^2 的地区占所有森林范围区域地上生物量的 90% 以上。在该区域内存在西高东低的现象：最高值出现西部的安第斯山脉北段西侧，主要穿过厄瓜多尔、秘鲁、巴西西部，甚至延伸到玻利维亚境内，森林地上生物量均在 200t/hm^2 以上；之后向东经过亚马孙平原逐渐减少，这与植被覆盖类型由森林逐渐过渡到草原直接相关；其他地区植被盖度基本为零，这与这些地区少雨干旱的气候及无森林分布密切相关。

3. 森林年最大 LAI 呈现指数较高且空间分异显著的特点

采用叶面积指数（LAI）产品来表征南美洲森林的年最大 LAI 空间分布特征（图 2-9）。南美洲森林年最大 LAI 指数相对较高，72% 的区域最大 LAI 指数均超过 4；且具有明显的空间分布差异，其空间分布格局受土地覆盖变化的影响。由于北部亚马孙平原地区以阔叶林为主，因此该区域最大 LAI 指数最高，最大 LAI 指数以此为中心向四周递减，四周的森林 - 草原过渡地带 LAI 指数较低（均小于 2）；在西部的安第斯山脉南段有着部分阔叶混生林，但最大 LAI 指数较低；南美洲森林年最大 LAI 零值、低值区与荒漠、草原带相重合，总体受土地覆盖类型影响显著。

2.3.3　草地生态系统

草地面积总体为 279.95 万 km^2，占南美总面积的 15.74%，属于继森林、农田之后的第三大地表覆盖类型，主要位于森林与农田周围及南美洲南部大部分地区。主要植被覆盖类型以温带草原和稀树草原为主，还有部分的山地草原。采用叶面积指数（LAI）产品来表征南美洲草原的年最大 LAI 空间分布特征（图 2-10）。南美洲草原年最大 LAI 指数具有明显的空间分布差异，其空间分布格局受草原植被覆盖类型的影响，由于西部均处于海拔较高的山地，山地草原分布较广，因此最大叶面积指数较低，该区域的 LAI 介于 0 到 1 之间，占总体草原面积的 33.87%；在中部亚马孙平原地区外围和东南部温带草原地带最大 LAI 指数最高，分布面积也最广，年最大 LAI 大于 1 的区域基本上均分布于此，其中 LAI 介于 1 至 2 之间的面积占比为 20.13%，而大于 2 的区域占草原总面积的 46%。

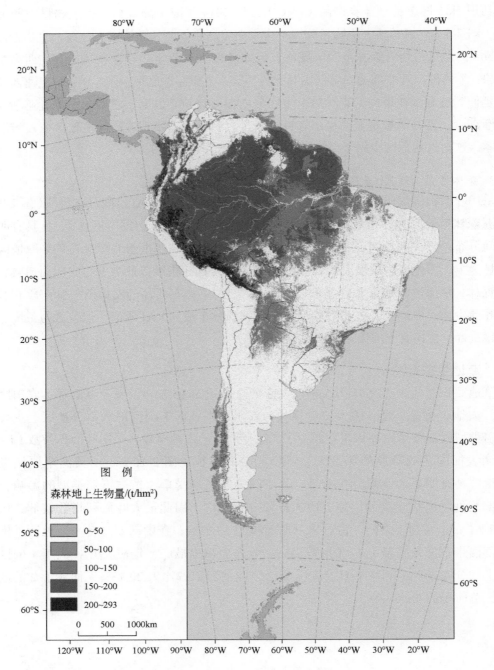

图 2-8　2014 年南美洲森林地上生物量

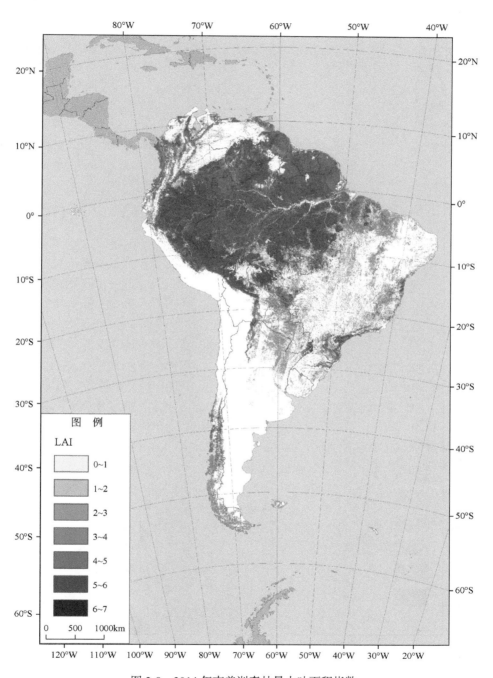

图 2-9　2014 年南美洲森林最大叶面积指数

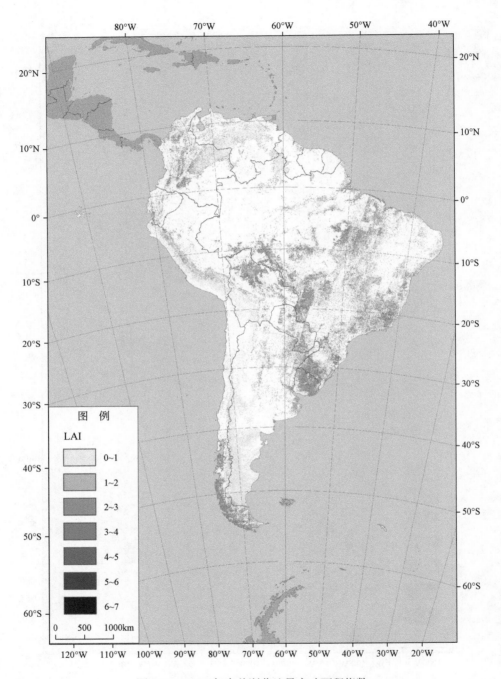

图 2-10　2014 年南美洲草地最大叶面积指数

2.4 南美洲开发活动的主要生态环境约束

2.4.1 自然环境限制

1. 地形

南美洲以平原为主，平均海拔不高，地势呈现出典型的西高东低格局（图 2-11），但只有西侧的安第斯山脉地区坡度高于 10°，可能对当地的生产生活和经济开发形成限制；此外，除东南沿海部分地区之外，其余大部分地区（约占总面积的 68%）坡度都不足 1°。因此，除西部山地之外，南美洲平坦的地形地势条件基本不会在当地的开发过程中造成过大影响。

2. 气候

虽然南美洲的雨热充足，除山地外气温全年均处于 0℃以上，受海洋性影响较大，不存在极端的气候；但由于大部分属于热带雨林气候，雨热同期造成常年温暖湿润，尤其是亚马孙平原地区高温多雨不适合人类的生产生活；西部沿海地区受洋流影响还存在沙漠地带，水资源短缺。因此水分空间分布不均是南美洲开发建设中的不利条件。

2.4.2 自然保护对开发的限制——生态系统功能

南美洲生态环境良好，自然保护区分布较广，面积达 247.34 万 km²，占南美大陆总面积的 13.96%；开发相对有序。根据世界自然保护联盟（IUCN）1994 年出版的《保护区管理类型指南》中的六类自然保护区（其中类型 1 包括荒野地保护区与严格自然保护区两种），对南美的自然保护区的空间分布特征进行分析（图 2-12）。类型最多的保护区为资源管理保护区、国家公园及陆地和海洋景观保护区三类（图 2-13），分别占南美洲保护区总面积的 37.00%、31.52% 和 18.35%；而荒野地保护区数量最少，仅占南美洲保护区总面积的 0.04%。总体来看，自然保护区集中分布在南美洲的北部和安第斯山脉南段，在中部主要有陆地和海洋景观保护区和资源管理保护区两类零星分布。

2.5 小　结

南美洲生态资源丰富，土地、气候、农田、森林等生态优势明显，但如热带雨林气候、西部高海拔山地、荒漠地区等均会对当地开发和基础设施建设产生制约影响。然而南美洲的自然障区仅为少数，自然非障区仍为主体部分；但南美洲各种类型的自然保护区众多，分布较广，在这些区域进行开发时应注意生态保护。

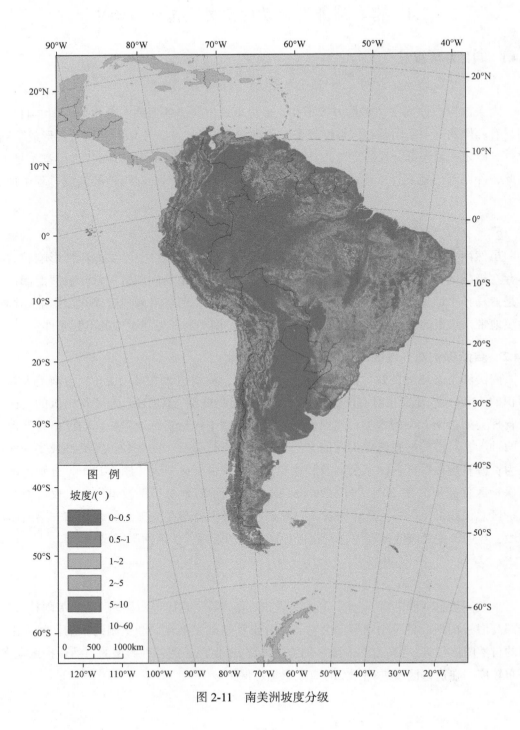

图 2-11　南美洲坡度分级

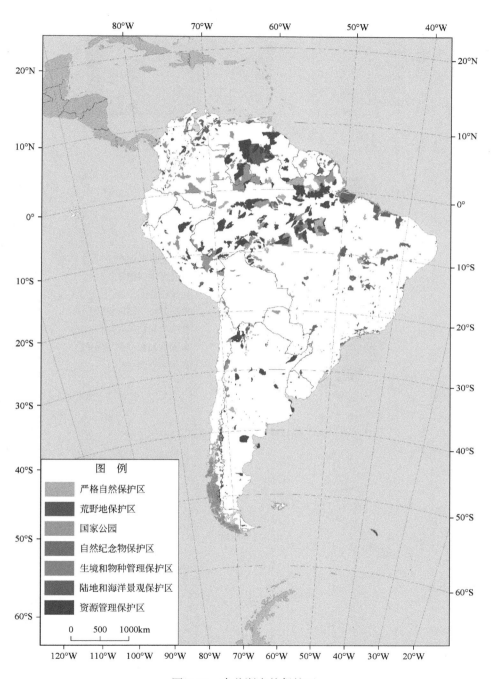

图 2-12　南美洲自然保护区

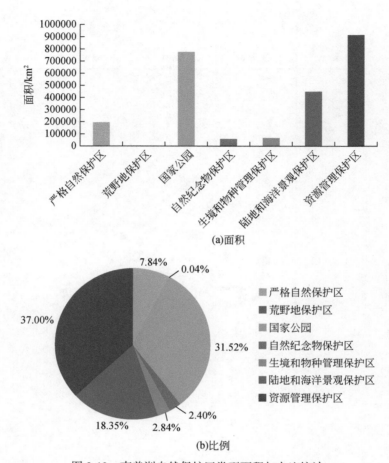

(a)面积

(b)比例

图 2-13　南美洲自然保护区类型面积与占比统计

第3章 南美大陆各区域生态资源
分布与生态环境限制

本书把南美大陆分为四个大区，即：奥里诺科平原与圭亚那高原地区、亚马孙平原与巴西高原地区、潘帕斯平原与巴塔哥尼亚高原地区、安第斯山脉沿线。在概述了南美洲总体生态资源分布及生态环境限制后，本章重点阐述各区域内的生态资源分布及生态环境限制，探析每个区域的类型特征和空间分布特点。

3.1 奥里诺科平原与圭亚那高原地区

3.1.1 区域简况

该地区位于南美大陆北部，全区（图3-1）由奥里诺科平原和圭亚那高原两个地理单元组成，主要包括3个国家（委内瑞拉、圭亚那、苏里南）和1个地区（法属圭亚那）。其中奥里诺科平原主要指奥里诺科河西侧的平原地带，包括委内瑞拉西部以及部分哥伦比亚的平原地区；圭亚那高原位于奥里诺科平原与亚马孙平原之间，为南美第二大高原，包含奥里诺科河南部的委内瑞拉、圭亚那、苏里南和法属圭亚那。

3.1.2 土地覆盖与土地开发状况

1. 全区以森林为主，农田、草原西侧分布

从各地类的空间分布来看，该区主要的土地覆盖类型为森林、农田和草原（图3-2），这三类占全区总面积的96.45%，其中森林覆盖面积最广，达全区总面积的71.93%，依次为农田（12.46%）和草原（12.06%），而人造地表与裸地所占比重均不到1%。区域内各地类的空间分布呈现出典型的东、西差异格局：东部的地表覆盖类型几乎均为森林，而西部的地表覆盖类型则以农田和草地为主，这与该地区东为高原、西为平原的地形条件相对应。全区的植被覆盖率非常高，人造地表覆盖率相当低，生态环境非常好。

2. 土地开发强度在空间上呈现出西强东弱的特点

该区整体土地开发强度指数不高，土地利用程度综合指数在250以下的地区占全区总面积的89.92%，大于250的区域仅占10.08%，低值区主要分布在森林，高值区在平原与沿海等地有零星分布（图3-3）。在区域内空间分布格局上，与地表覆盖类型相对应，

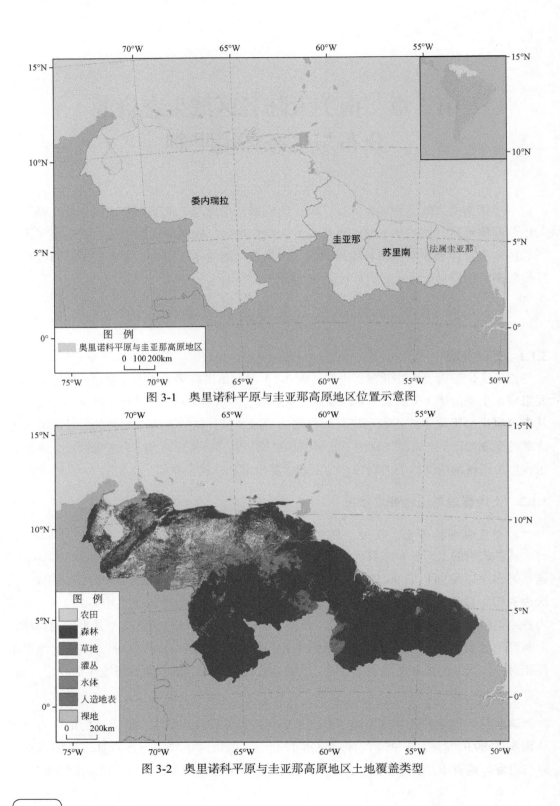

图 3-1　奥里诺科平原与圭亚那高原地区位置示意图

图 3-2　奥里诺科平原与圭亚那高原地区土地覆盖类型

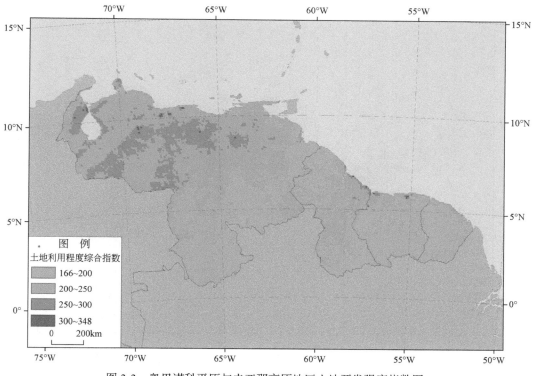

图 3-3　奥里诺科平原与圭亚那高原地区土地开发强度指数图

呈现出西强东弱的特点：在东部由于受热带雨林气候的影响，森林地区不适宜高强度的开发，因此土地开发强度较弱；而西部由于地形条件优越，在农田与平原地区的开发强度较大，此外在北部沿海的城镇地区开发强度也较大。

3.1.3　气候资源分布

1.区域水分分布格局

2014 年该区降水量总体较高，年降水量大于 1000mm 的区域占全区的 84.68%，空间分布主要呈现出西侧西南高北低与东侧东北部沿海高的格局（图 3-4）。其中，受热带气候及高原地形的影响，东北部沿海地区，如圭亚那北部和法属圭亚那东北部年降水量均大于 2500mm；西南部由于紧邻热带雨林气候区，因此该地降水量为全区最高，主要包括委内瑞拉西南部；而由于受圭亚那高原地形和委内瑞拉沿海山脉两者的东西阻隔，北部的奥里诺科平原地区年降水量为全区最低，基本不足 500mm。

2014 年南美洲蒸散量与降水量相似，总体蒸散水平较高，年蒸散量高于 1000mm 的区域占全区的 74.43%；空间分布与地表覆盖类型分布相似，呈现东高西低的格局（图 3-5）。东部的地表覆盖类型为森林，蒸散量大，最高蒸散量可达 1500mm 且分布较广；而西部

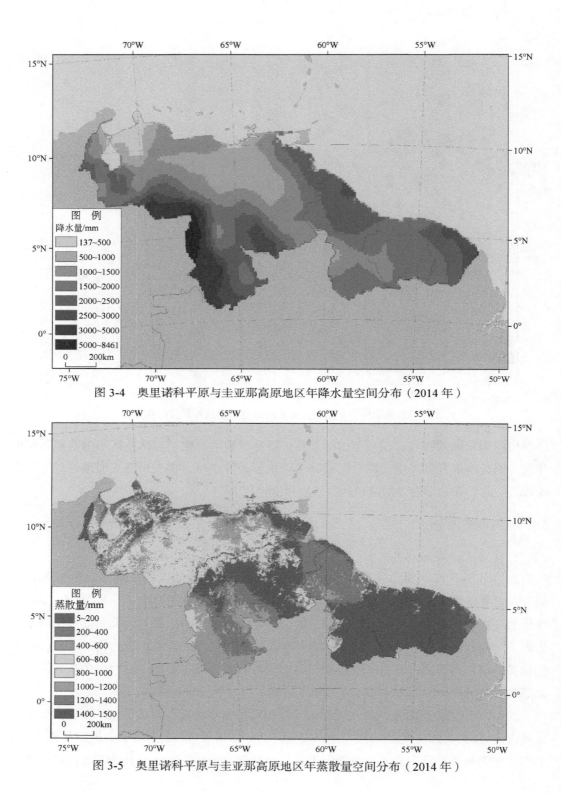

图 3-4 奥里诺科平原与圭亚那高原地区年降水量空间分布（2014 年）

图 3-5 奥里诺科平原与圭亚那高原地区年蒸散量空间分布（2014 年）

平原地区蒸散量较，基本上均低于1000mm，最少值出现在西北角的委内瑞拉沿海山地，年蒸散量少于200mm，低于全球陆地平均年蒸散量（410mm）。

2. 水分盈亏区内差异大，分布与降水量分布较为一致

2014年该地区水分盈余地区分布较广，水分盈亏量大于0mm的区域占全区的79.12%，水分盈余大于3200mm的高值地区集中分布在西南部的亚马孙热带雨林区（图3-6）；而水分盈亏小于0mm的亏损区域主要集中在北部的奥里诺科平原地区，该地降水稀少且蒸散量较大。绝大多数地区的水分盈亏处于200～1600mm范围内，总体空间分布与该区降水量相一致。

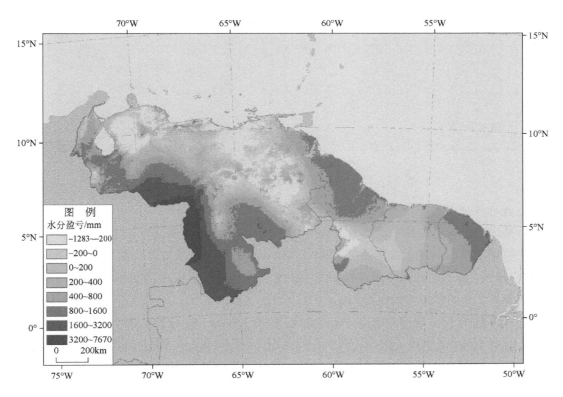

图 3-6　奥里诺科平原与圭亚那高原地区水分盈亏空间分布（2014 年）

3.1.4　主要生态资源分布

1. 农田生态系统

该区农田在空间上的分布与地形因素直接相关，农田面积占全区总面积的12.46%（图3-7）。因地势平坦，降水丰富且适合农作物生长，农田主要集中在该区西侧，即奥里诺科平原地带，此外在圭亚那和苏里南北部沿海地区也少量分布。

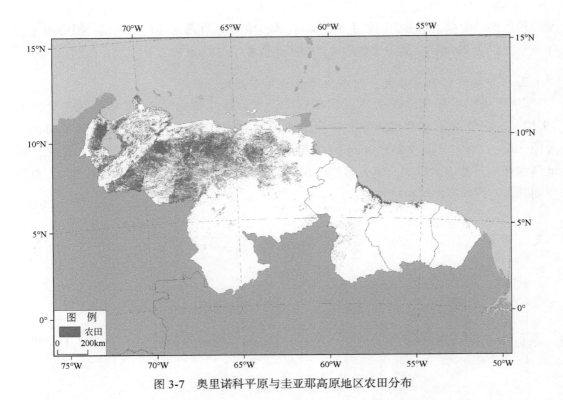

图 3-7　奥里诺科平原与圭亚那高原地区农田分布

2. 森林生态系统

森林地上生物量总量东多西少，主要集中于区域的东部及南部（图 3-8）。该区森林地上生物量总量较高，生物量高于 150 ～ 200t/hm² 的地区分布最广，占所有非零值区面积的 73.10%。西部地区除委内瑞拉沿海山地之外，其他地区植被盖度基本为零，这与这些地区少雨干旱的草原气候密切相关。

森林年最大 LAI 的空间分布差异与森林地上生物量十分相似（图 3-9）。该区森林年最大 LAI 具有明显的空间分布差异与其土地覆盖变化的影响。东部的森林覆盖率极高，且为湿润阔叶林带，年最大叶面积指数值大多高于 3，全区最大叶面积指数值大于 3 的面积占总面积的 87.83%；而西部平原的最大 LAI 均小于 1。总体来看，空间分布上呈现出东部与南部高、西部低的格局。

3. 草地生态系统

草地主要分布在西部的奥里诺科平原，还有部分分布在西部森林地区的边缘。受气候影响，草地年最大 LAI 的以小于 1 为主，小于 1 的区域面积占草原总面积的 72.76%；西北部沿海地区最大 LAI 则大于 1，但也仅介于 1 至 3 之间（图 3-10）。因此总体上看，该区草原年最大 LAI 总体较小，空间分布主要集中在西部平原地区。

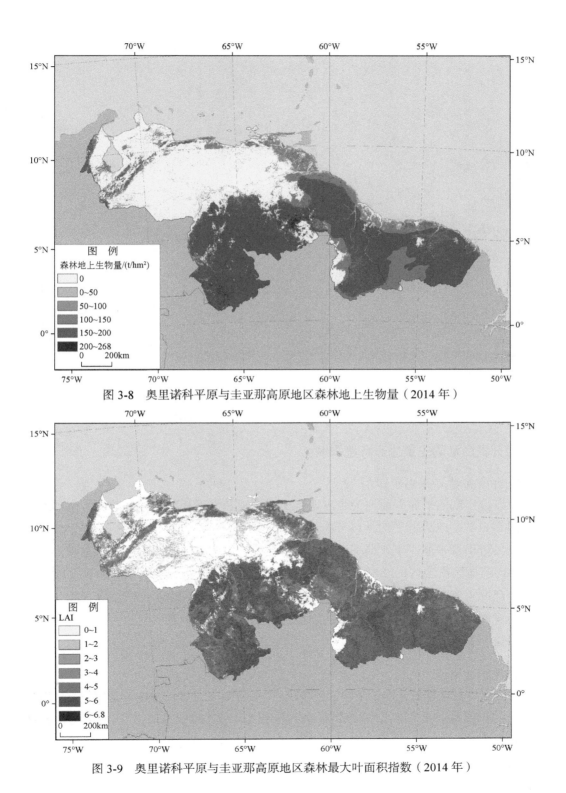

图 3-8　奥里诺科平原与圭亚那高原地区森林地上生物量（2014 年）

图 3-9　奥里诺科平原与圭亚那高原地区森林最大叶面积指数（2014 年）

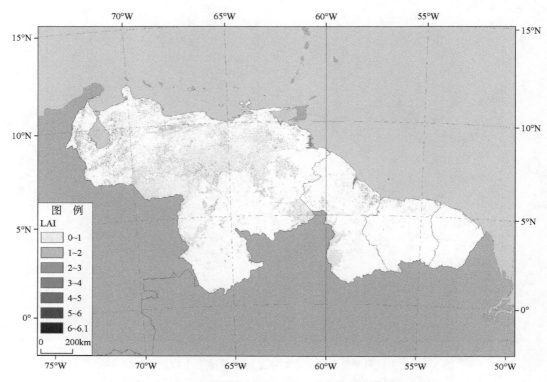

图 3-10 奥里诺科平原与圭亚那高原地区草地最大叶面积指数（2014 年）

3.1.5 开发活动的主要生态环境限制

1. 自然环境（地形）限制

该区以广阔的平原和高原为主，地势呈现山地与平地相间分布，西部与南部地势稍高（图 3-11）。地势低平的地区分布较广，坡度小于 1° 的地区占全区的 71.37%，主要分布在奥里诺科平原、圭亚那高原以及沿海地区。坡度较高的区域所占比例较小，坡度大于 10° 的地区占全区的 2.53%，且主要集中在委内瑞拉西部的安第斯山脉北段，此外该国南部的圭亚那高原的坡度较高。因此总体来看，地形因素不会限制该区域开发与经济社会发展，但在西部山区及南部高原地带地形条件是一个重要制约因素，会在当地的开发过程中造成较大影响。

2. 保护区需求

该区生态环境良好，自然保护区分布较广，面积达 402759.15km²，开发较有针对性，对当地的自然保护区的空间分布特征进行分析（图 3-12），发现类型最多的保护区为资源管理保护区和国家公园两类（图 3-13），分别占区域内保护区总面积的 39.36% 和 32.08%；其次陆地和海洋景观保护区与自然纪念物保护区数量也占一定的比重，分别占

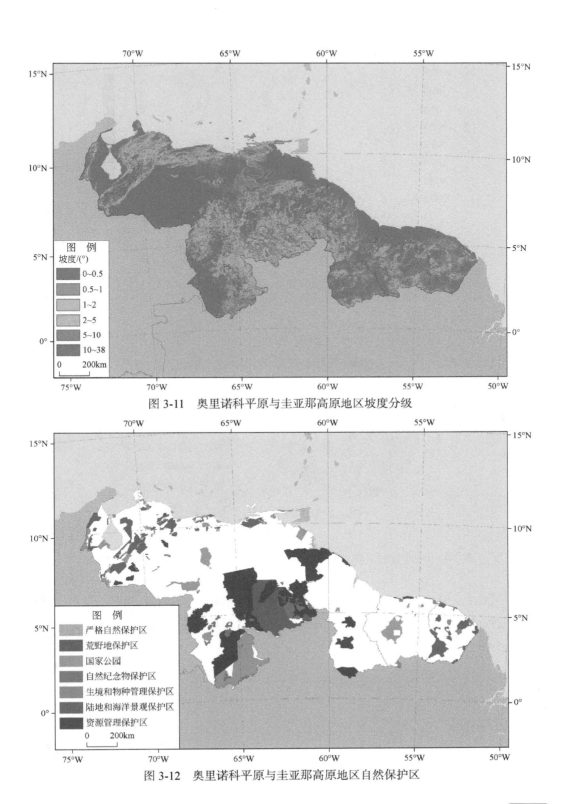

图 3-11　奥里诺科平原与圭亚那高原地区坡度分级

图 3-12　奥里诺科平原与圭亚那高原地区自然保护区

41

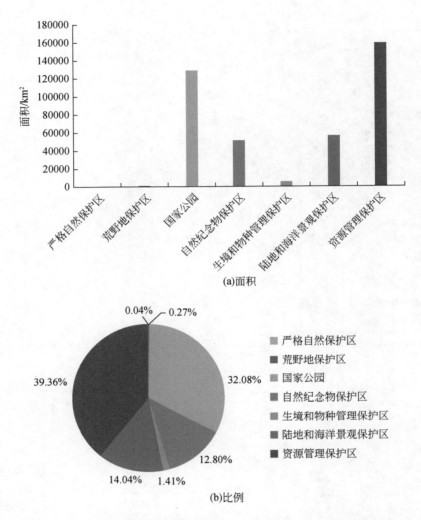

(a)面积

(b)比例

图 3-13　奥里诺科平原与圭亚那高原地区自然保护区类型面积与占比统计

当地保护区总面积的 14.04% 和 12.80%；而余下的三种类型的保护区面积仅占区域内保护区总面积的 1.72%。在空间分布上，区域内的自然保护区绝大部分位于委内瑞拉境内，其余国家和地区所占比例较小；总体上呈现中央集中、东西两侧略有分布的空间格局。

3.2　亚马孙平原与巴西高原地区

3.2.1　区域简况

　　该地区位于南美大陆中部与东部，全区包括亚马孙平原与巴西高原两个地理单元，主要包括 1 个国家，即巴西联邦共和国（图 3-14）。巴西为世界面积第五大国，南美洲

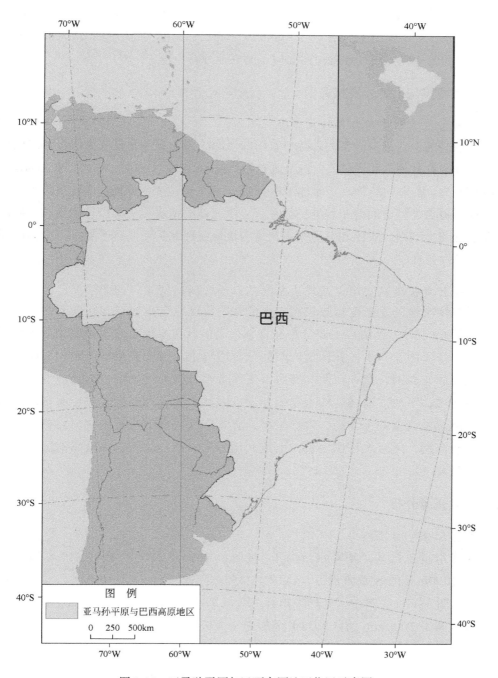

图 3-14 亚马孙平原与巴西高原地区位置示意图

面积最大的国家，约占南美洲大陆总面积的 47.89%，与南美洲除智利以外的所有国家和地区接壤。其中包括了海拔低于 200m 的亚马孙平原（世界面积最大的平原）地区，约占全区面积的 33%；还包括海拔高于 500m 以上的巴西高原（世界面积最大的高原），约占全区面积的 60%，全区地势由西北向东南逐渐升高。

3.2.2　土地覆盖与土地开发状况

1. 土地覆盖类型空间分异特征显著

该区主要的土地覆盖类型为森林、农田和草原（图 3-15），这三类占全区总面积的 89.55%，其中森林覆盖面积最广，占全区总面积的 56.32%，依次为农田（20.23%）、草原（13.00%）、灌丛（8.52%）、水体（1.46%），而人造地表与裸地所占比重均不到 1%。区内各地表覆盖类型空间分布差异特征显著：西北部的地表覆盖类型均为森林，而西南部的地表覆盖类型则以农田和草地为主，这与该地区西北为亚马孙平原、东南为巴西高原的地形条件相对应。

2. 土地开发强度在空间上呈现出东南强、西北弱的特点

该区整体土地开发强度指数较高，土地利用程度综合指数在 200 以上的地区占全区总面积的 69.45%，低值区主要分布在森林，高值区在草地与农田等地表覆盖类型上均有广泛分布（图 3-16）。在区域内空间分布格局上，与地表覆盖类型相对应，呈现出东南强、西北弱的特点：在西北部由于受热带雨林气候的影响，亚马孙平原的森林地带高温多雨，不适宜高强度的大规模开发，因此土地开发强度较弱；而东南部虽然为高原，但海拔高度并不太高，地形平坦，有着广泛的集中连片的农田与草原分布，且气候温暖湿润，适宜农作物生长，土地利用程度较高，此外东部沿海地区的土地开发强度也较大。

3.2.3　气候资源分布

1. 区域水分分布格局

该区降水量总量高，年降水量高于 1000mm 的区域占全区的 81.31%，其中年降水量高于 3000mm 的区域面积占全区的 11.46%。空间分布主要呈现出西北高、东南低的格局（图 3-17）。其中，受热带雨林气候的影响，西北亚马孙平原地区降水量大，且年降水量高于 2000mm 的区域几乎全集中于该地；东南部属于巴西高原地区，来自海洋的气候受地形抬升的影响，东南部仅在沿海地区降水丰富，而由于巴西高原地形阻断，东部的内陆地区年降水量普遍较低，全区最低不足 500mm 的地区基本上都分布于此。

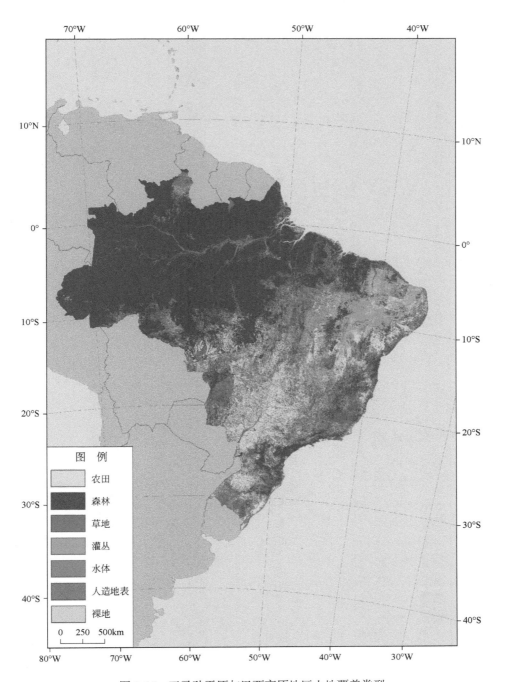

图 3-15 亚马孙平原与巴西高原地区土地覆盖类型

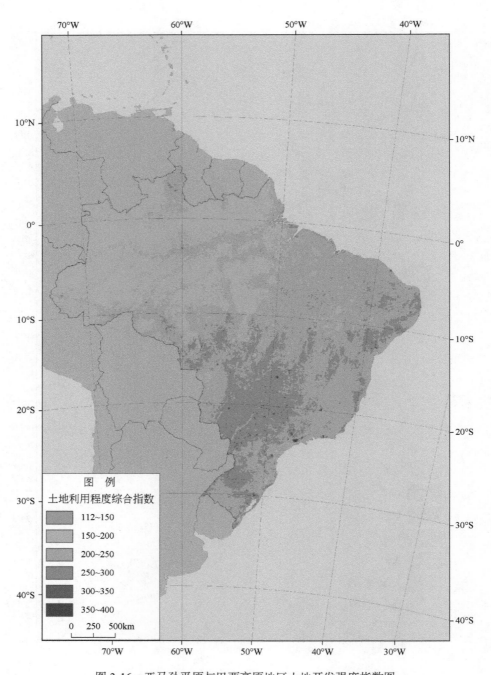

图 3-16　亚马孙平原与巴西高原地区土地开发强度指数图

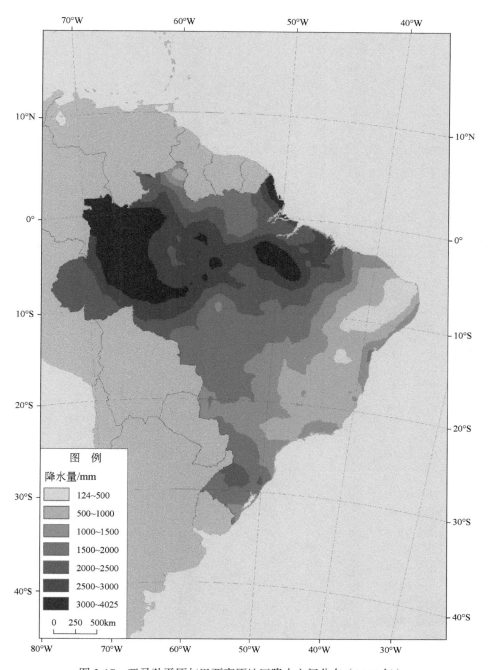

图 3-17 亚马孙平原与巴西高原地区降水空间分布（2014 年）

该区蒸散量与降水量相似，总体蒸散水平较高，年蒸散量高于 1000mm 的区域占全区的 79.68%；空间分布也与年降水量分布相似，呈现西高东低的格局（图 3-18）。西部为热带雨林区，位于赤道附近受太阳直射强，蒸散量大，最高蒸散量为 1400 ～ 1500mm，且

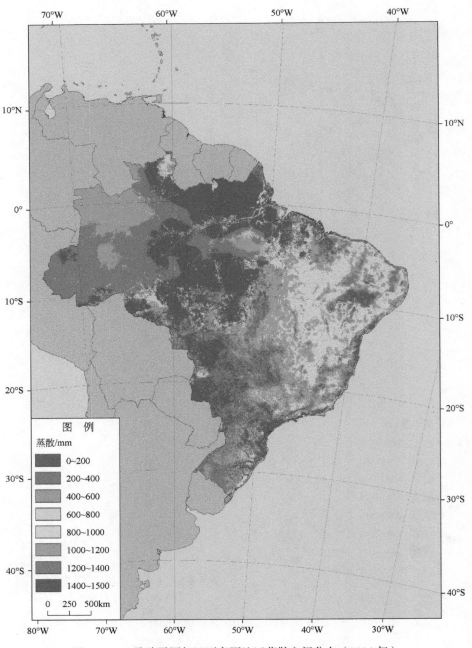

图 3-18　亚马孙平原与巴西高原地区蒸散空间分布（2014 年）

均分布与此处；而东部属于巴西高原，年降水量为全区最少，气温相对平原地区较低，年蒸散量小于 200mm 的区域全位于该处，为全区蒸散量最少的地区，同时也低于全球陆地平均蒸散量（410mm）。

2. 水分盈亏南北差异显著

该区 2014 年水分盈余较为充足，水分盈亏量大于 0mm 的区域占全区的 79.33%，其中水分盈余大于 1600mm 的区域占 16.75%；而少于 0mm 以下的区域占全区的 20.67%。在空间分布上，水分盈余与亏损的空间分布呈现出明显的南北差异：水分盈余区域集中分布在西北部的热带雨林区，且大于 1600mm 高值区均集中于此；而水分盈亏少于 0mm 的亏损区域主要集中在东南部巴西高原地区，该地降水总量少，蒸发量大于降水量（图 3-19）。

3.2.4　主要生态资源分布

1. 农田生态系统

该区农田广布，农田面积占全区总面积的 20.23%，在空间上的分布与气候因素直接相关，主要集中于东南部（图 3-20）。因为东南部属于热带草原和亚热带季风气候，水热适宜，且高原地势平坦，此外还有巴拉那和圣弗朗西斯科两大河流水系提供充足的灌溉水源，因此农田主要集中在该区东南部。

2. 森林生态系统

森林地上生物量总量西北多、东南少，与该区地表覆盖类型分布相对应（图 3-21）。该区森林地上生物量总量高，生物量高于 150 的地区占全区面积的 96.26%，其中大于 200 的区域面积超过全区总面积的一半，占 51.74%。说明亚马孙热带雨林地区的森林生物总量最为丰富，森林覆盖率极高。而其他地区植被覆盖率基本为零，这与这些地区热带/亚热带草原气候密切相关。此外在东南沿海地带仍存在少量的森林地上生物量。

森林年最大 LAI 的空间分布差异与森林地上生物量几乎相对应（图 3-22）。该区森林年最大 LAI 也呈现出西北高、东南低的格局。西北部的亚马孙森林地带广泛分布着热带湿润阔叶林，年最大叶面积指数值大多高于 4，全区最大叶面积指数值大于 4 的面积占总面积的 73.83%；而东南部巴西高原主要以带草原和疏林分布为主，因此最大 LAI 均小于 1。此外，东南沿海的森林年最大 LAI 指数也较高，并呈带状分布。

3. 草地生态系统

该区域草地年最大 LAI 的值较大，空间分布广阔（图 3-23）。该区森林年最大 LAI 呈现出中南部高、东部、北部低的格局。中部、南部位于亚马孙森林外围，草地广布，

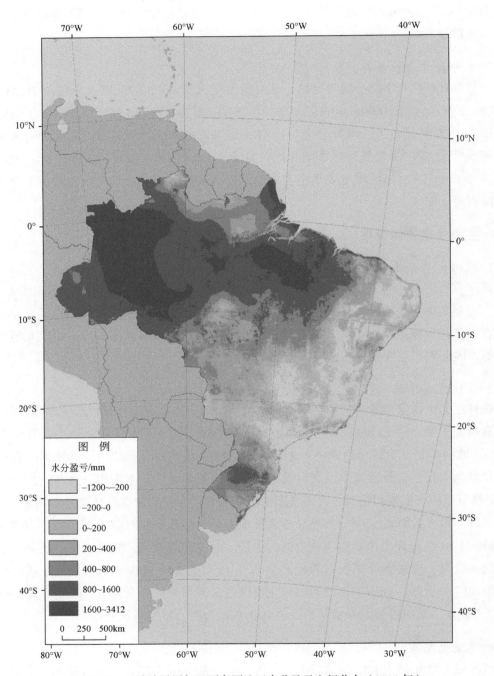

图 3-19　亚马孙平原与巴西高原地区水分盈亏空间分布（2014 年）

图　例

水分盈亏/mm

-1200~-200
-200~0
0~200
200~400
400~800
800~1600
1600~3412

0　250　500km

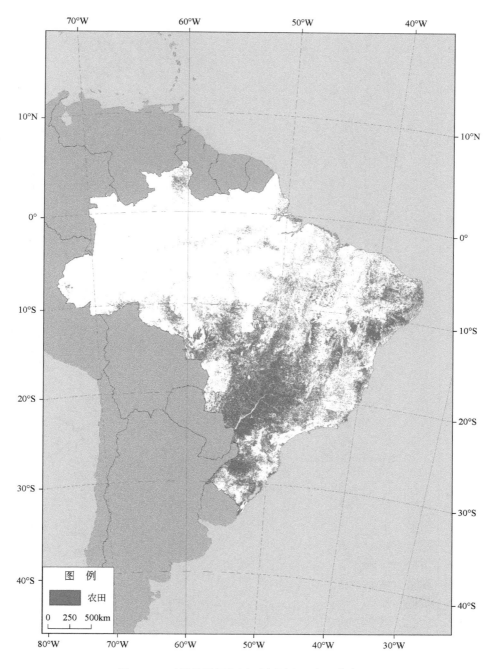

图 3-20　亚马孙平原与巴西高原地区农田分布

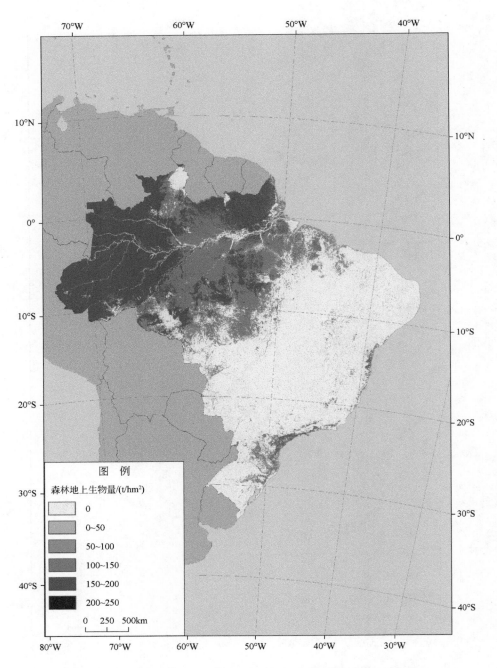

图 3-21　亚马孙平原与巴西高原地区森林地上生物量（2014 年）

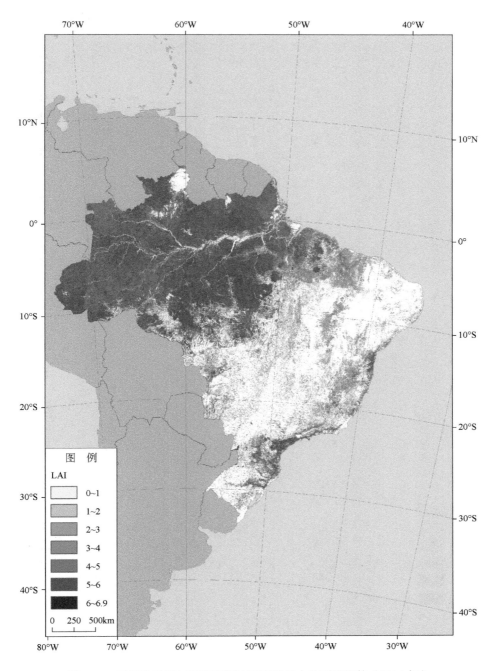

图 3-22　亚马孙平原与巴西高原地区森林最大叶面积指数（2014 年）

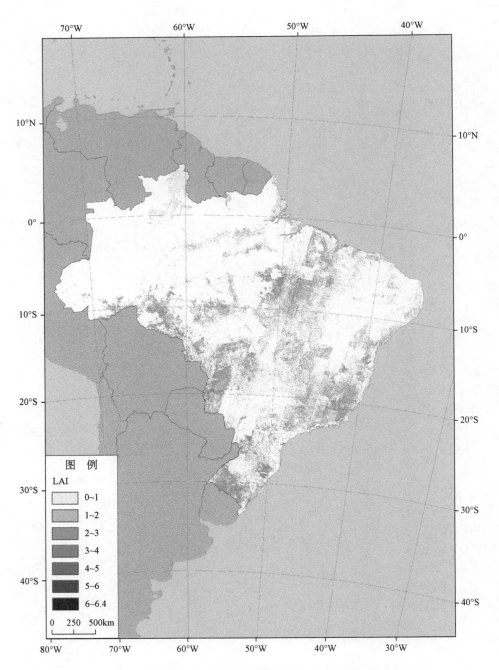

图 3-23　亚马孙平原与巴西高原地区草地最大叶面积指数（2014 年）

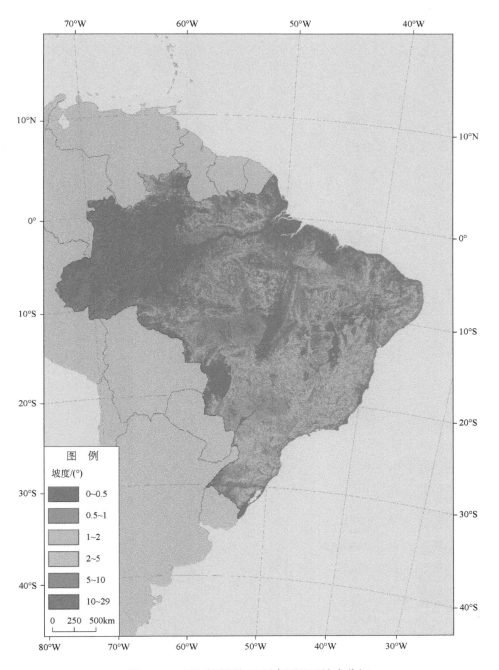

图 3-24　亚马孙平原与巴西高原地区坡度分级

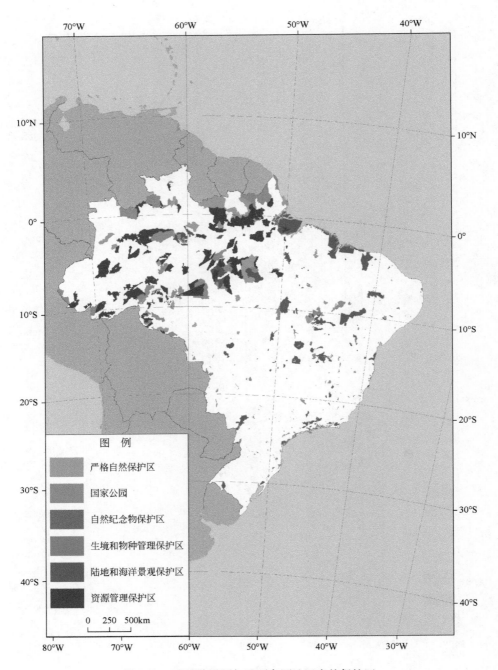

图 3-25　亚马孙平原与巴西高原地区自然保护区

南部属于温带草原区，因此中南部草地广布，且最大 LAI 均大于 1，全区 LAI 大于 2 的面积占草地总面积的 75.01%；而北部与东部受地形与气候影响，草原分布少，且最大 LAI 以小于 1 为主（占草原总面积的 6.37%）。该区域也是南美洲草地年最大 LAI 平均值最大的地区。

3.2.5　开发活动的主要生态环境限制

1. 自然环境（地形）限制

该区以广阔的平原和高原为主，地势总体来看较为平坦，东南部的地势稍高（图 3-24）。地势低平的地区分布较广，坡度小于 1° 的地区占全区的 70.48%，其中坡度小于 0.5° 的地区占全区一半以上（50.47%）。坡度较高的区域所占比例较小，坡度大于 5° 的地区占全区的 1.76%，且主要集中在巴西东南部的沿海平原与巴西高原的连接处，此处地势由平原过渡到高原，坡度较陡。因此总体来看，地形因素不会限制该区域开发与经济社会发展，在东南部地区地形条件会起到一定的限制作用，但分布面积较小，因此制约程度不大。

2. 保护区需求

该区生态环境优越，自然保护区总体面积大、分布广，面积达 1301818.26km^2（图 3-25），自然保护区的空间分布特征主要集中于西北部，在中部与南部也有零星分布。类型最多的保护区为资源管理保护区、陆地和海洋景观保护区、国家公园和严格自然保护区四类（图 3-26），分别占当地保护区总面积的 38.32%、24.54%、24.09% 和 12.78%；而其余两种类型的保护区面积仅占区域内保护区总面积的 0.27%。在区内空间分布上，资源管理保护区、陆地和海洋景观保护区、国家公园均位于西北部的亚马孙平原地区，而陆地和海洋景观保护区则零散分布于东北沿海与中南部地区。

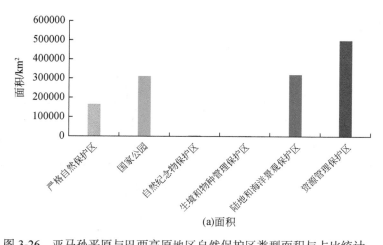

(a)面积

图 3-26　亚马孙平原与巴西高原地区自然保护区类型面积与占比统计

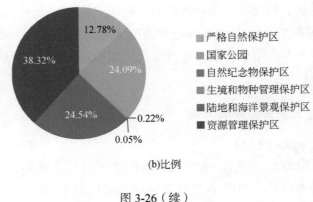

图 3-26（续）

3.3 潘帕斯平原与巴塔哥尼亚高原地区

3.3.1 区域简况

该区位于南美大陆南端，主要包括三个国家——阿根廷、乌拉圭、巴拉圭（图 3-27），两个地理单元——潘帕斯平原、巴塔哥尼亚高原，一条主要水系——巴拉那 – 拉普拉塔河，全长 5580km，为南美第二大水系，主要支流有巴拉圭河、乌拉圭河等国际界河。其中阿根廷为领土面积世界第八大国，南美洲面积第二大的国家，属于南美洲经济发展水平较高的发展中国家；巴拉圭位于潘帕斯平原的北部，乌拉圭位于拉普拉塔河东岸的平原地区。该区地形总体呈现北低南高、西高东低的格局，即地势由北部的潘帕斯平原逐渐向南上升到巴塔哥尼亚高原，西部靠近安第斯山脉的山地向东逐渐过渡到中部和东部的潘帕斯平原。

3.3.2 土地覆盖与土地开发状况

1. 主要土地覆盖类型种类多，空间分异特征显著

该区主要土地覆盖类型多，所占比例较为均匀，主要以灌丛、农田草地和森林四类为主（图 3-28），这四类占全区总面积的 91.94%，其中灌丛覆盖面积最广，占全区总面积的 28.46%，其余依次为农田（25.69%）、草地（23.07%）、森林（14.72%），该区裸地面积占一定比重（6.11%），而人造地表、水体、冰雪所占比重之和不足 2%。该区各地表覆盖类型空间分布差异特征显著：北部的地表覆盖类型以森林为主，中部的平原地区地表覆盖类型则以农田为主，南部的高原地区以灌丛和草地为主，西北部受沙漠气候影响为裸地。该区地表覆盖类型分布与北部平原、南部高原、西部山地的地形条件相对应。

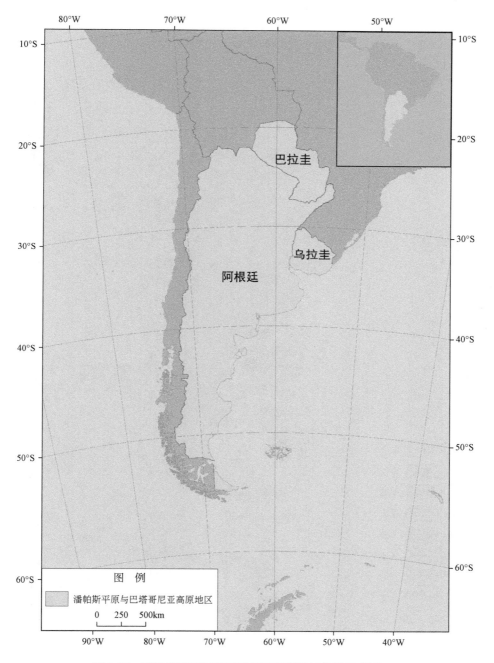

图 3-27　潘帕斯平原与巴塔哥尼亚高原地区位置示意图

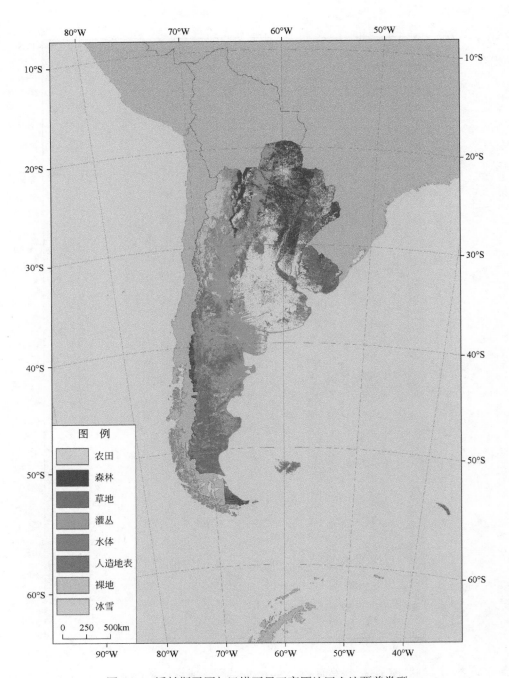

图 3-28 潘帕斯平原与巴塔哥尼亚高原地区土地覆盖类型

2. 土地开发强度在空间上呈现出中部强、周边弱的特点

该区整体土地开发强度指数相对较高，但空间分布呈现出不均衡的状态。土地利用程度综合指数在 200 以上的地区占全区总面积的 64.73%，高值区出现在中部与北部的平原地区，尤其集中于中部的农田地带；低值区主要分布在西北侧的裸地和南部的高原地区（图 3-29）。在区域内空间分布格局上，呈现出中部强、周边弱的特点：与地表覆盖类型相对应，中部地表覆盖类型为农田，且位于潘帕斯草原和拉普拉塔河三角洲之上，地势平坦，灌溉水源充足，该地土地开发强度指数为区内最高，北部的潘帕斯平原地带森林与草原广布，适宜开发，因此为土地开发强度次高区；而南部巴塔哥尼亚高原地区地势较高，气候干燥，降水较少，不宜高强度开发。此外，西部山地海拔较高，地表覆盖类型以裸地为主，土地开发强度指数为全区最低值。

3.3.3 气候资源分布

1. 区域水分分布格局

该区年降水量大于 1000mm 的区域占全区的 58.98%，而年降水量少于 1000mm 的区域面积占全区的 41.02%。空间分布主要呈现出北高南低的格局（图 3-30）。其中，年降水量高于 1000mm 的区域几乎全集中于北部地区，高于 3000mm 的极值区也位于西北部，主要原因是该区属安第斯山脉北段，东侧位于信风带的迎风区，加上暖流影响降水量大；而年降水量少于 1000mm 的区域较大部分均分布于南部巴塔哥尼亚高原地区，是由于来自海洋的气候受西部安第斯山脉南段地形的影响，进入巴塔哥尼亚高原空气已经干燥，因此全区年降水不足 500mm 的地区大多都分布于此。

该区蒸散量与降水量较为相似，总体蒸散水平不高，年蒸散量高于 1000mm 的区域占全区的 43.81%，少于 400mm 的区域占 38.75%；空间分布也与年降水量分布相似，呈现东北部高、西部与南部低的格局（图 3-31）。东北部为潘帕斯平原区，降水量高，蒸散强，最高年蒸散量 1400 ～ 1500mm 均分布与此处；而西部与南部属于安第斯山脉和巴塔哥尼亚高原地区，海拔高、气温相对平原地区较低，年蒸散量少于 200mm 的区域几乎全位于该处，为全区蒸散量最小的地区。

2. 北部地区水分盈余不足

2014 年该区水分盈余主要集中在 0 ～ 800mm，水分盈亏量大于 0mm 的区域为主体，占全区的 83.98%，大于 1600mm 的高值区主要分布在安第斯山脉西侧山麓，这与降水量高值分布一致（图 3-32）。而水分盈亏小于 0mm 的区域集中于北部潘帕斯平原地区，该地降蒸散量大，小于 -200 的区域也均位于此处，这与蒸散量分布相一致。

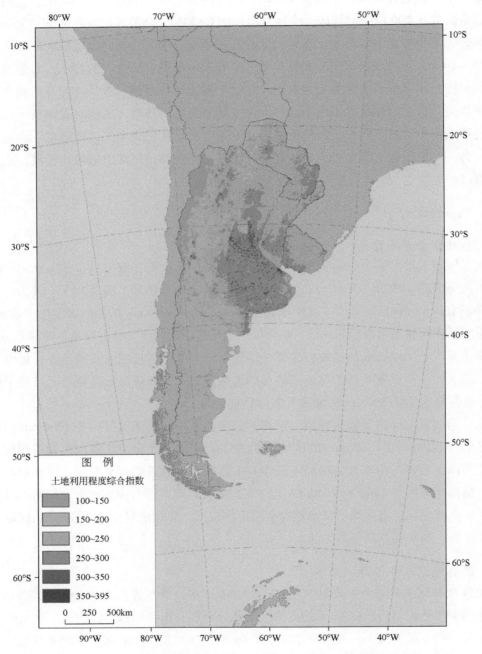

图 3-29 潘帕斯平原与巴塔哥尼亚高原地区土地开发强度指数图

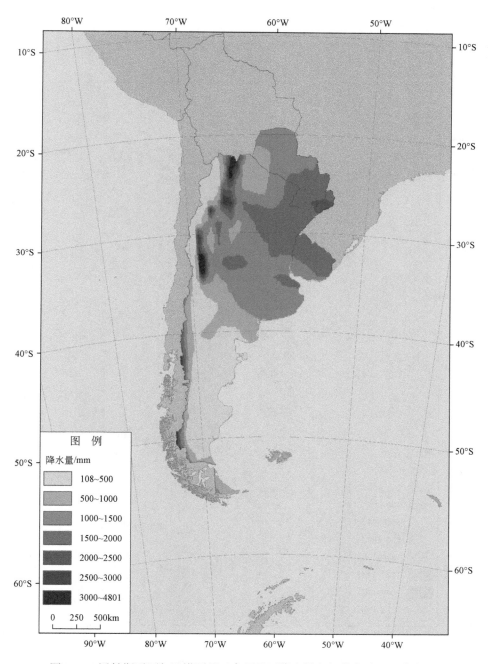

图 3-30　潘帕斯平原与巴塔哥尼亚高原地区降水量空间分布（2014 年）

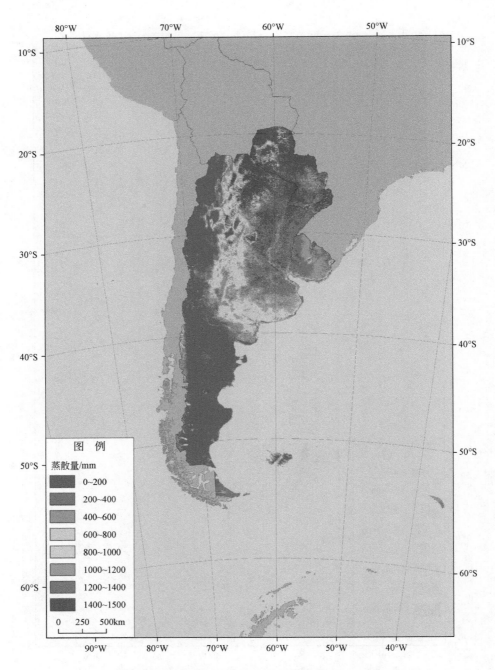

图 3-31　潘帕斯平原与巴塔哥尼亚高原地区蒸散量空间分布（2014 年）

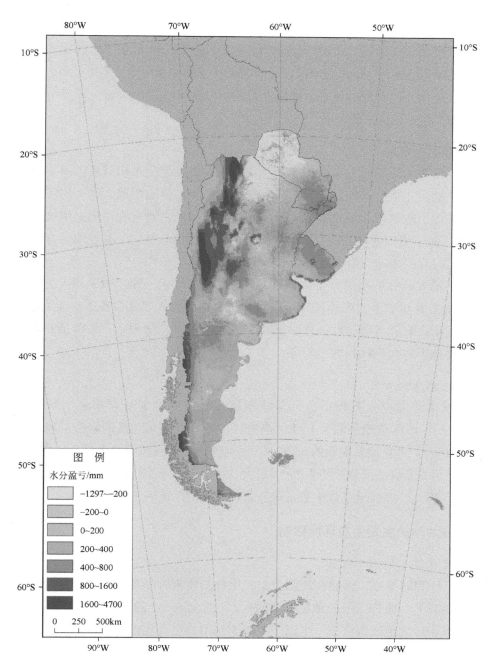

图 3-32 潘帕斯平原与巴塔哥尼亚高原地区水分盈亏空间分布（2014 年）

3.3.4　主要生态资源分布

1. 农田生态系统

该区农田面积占全区总面积的 25.69%，在空间上的分布集中于中部和北部，与地形因素直接相关（图 3-33）。因为中部位于与北部属于潘帕斯平原，地势平坦、草地广布，还有拉普拉塔河－巴拉那河流水系提供充足的灌溉水源，因此农田主要集中在该区中部与北部，而其他地区无农田分布。

2. 森林生态系统

森林地上生物量总量分布范围较小，与地表覆盖类型分布相对应（图 3-34）。该区森林地上生物量主要分布在北部，包括阿根廷北部与巴拉圭西部。这一地区大多为原始森林，森林地上生物量总量较高，大于 $100t/hm^2$ 的区域占所有森里地上生物量分布区域的 72.67%。除了阿根廷东北部及安第斯山脉南段西侧的森林区，其他地区森林覆盖度基本为零，这与这些地区均为草地和灌丛分布相关。

森林年最大 LAI 的空间分布几乎与森林地上生物量相一致（图 3-35）。该区森林年最大 LAI 也主要集中于北部地区。年最大叶面积指数值大多集中在 2～4，处于这一区间地区的面积占有森林覆盖地区总面积的 75.33%。此外，阿根廷东北部及安第斯山脉南段西侧的森林年最大 LAI 指数也较高。

3. 草地生态系统

该区域草地面积分布较广，且草地年最大 LAI 的空间分布东北－西南差异明显（图 3-36）。该区草地年最大 LAI 的高值区主要集中于东北部的温带草原地区，最大 LAI 主要大于 1，占草地总面积的 43.22%；西南部位于安第斯山脉南段，属于高山草地，因此草地年最大 LAI 的低值区均为于此，最大 LAI 小于 1 的面积占草地总面积的一半以上，达 56.78%。因此，该区域草地生态系统分布较广，但区域内差异显著。

3.3.5　开发活动的主要生态环境限制

1. 自然环境（地形）限制

该区以广阔的平原、山地和高原为主，地势总体来看呈现出西高东低、南高北低的格局（图 3-37）。地势低平的地区分布较广，坡度小于 1° 的地区占全区的 73.73%，其中坡度小于 0.5° 的地区占全区一半以上（61.35%），主要集中分布在潘帕斯平原地区；坡度大于 5° 的地区占全区总面积的 7.88%，主要集中在西部狭长的安第斯山脉以及南部巴塔哥尼亚高原地区，这两处地方海拔由沿海突然提升，坡度较陡。因此总体来看，地形因素会对该区域西部与南部的开发与经济社会发展有较大的限制，但在东部与北部地

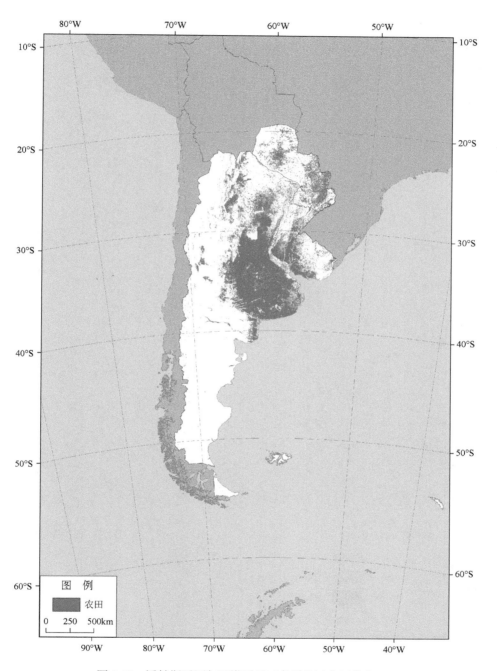

图 3-33　潘帕斯平原与巴塔哥尼亚高原地区农田分布

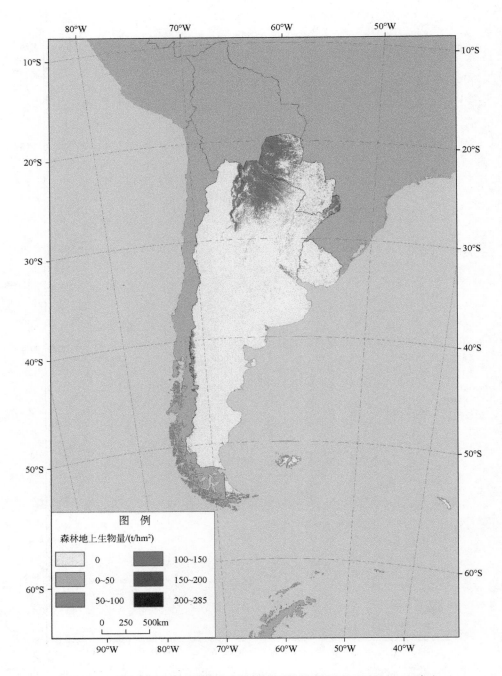

图 3-34　潘帕斯平原与巴塔哥尼亚高原地区森林地上生物量（2014 年）

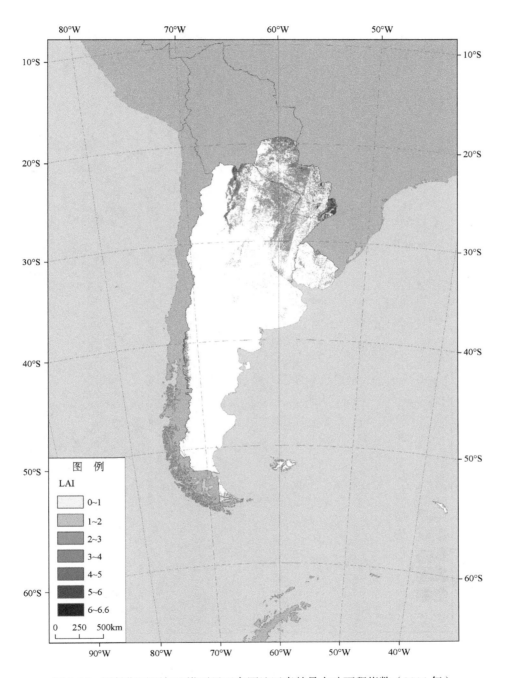

图 3-35　潘帕斯平原与巴塔哥尼亚高原地区森林最大叶面积指数（2014 年）

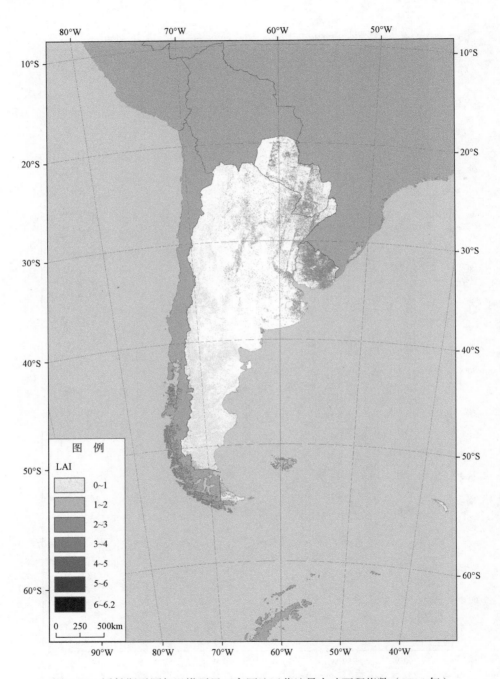

图 3-36 潘帕斯平原与巴塔哥尼亚高原地区草地最大叶面积指数（2014 年）

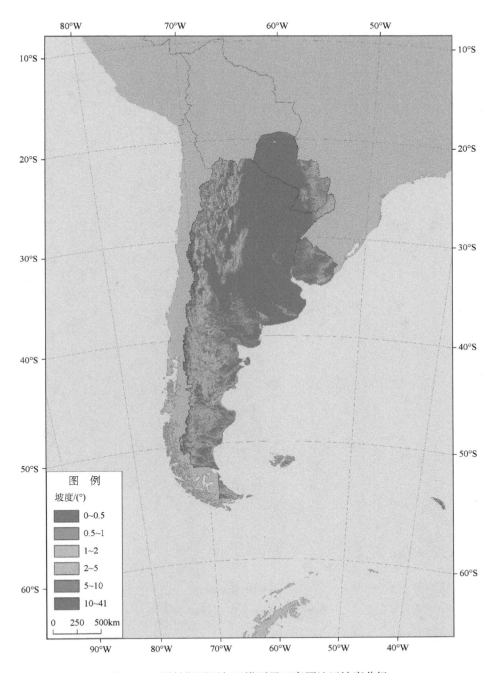

图 3-37 潘帕斯平原与巴塔哥尼亚高原地区坡度分级

区地形条件不会制约生产、开发活动。

2. 保护区需求

该区自然保护区总体面积较小、分布较零散，面积达 226569.64km^2（图 3-38），

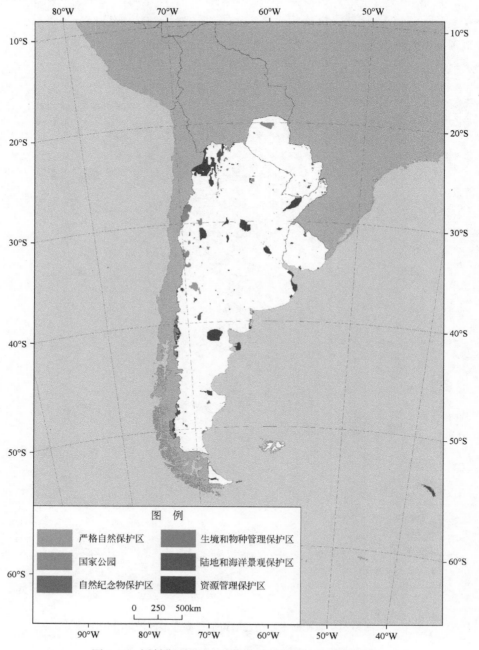

图 3-38　潘帕斯平原与巴塔哥尼亚高原地区自然保护区

自然保护区的空间分布特征较为均匀，在区域内各处均由分布。类型最多的保护区为资源管理保护区和国家公园两类（图 3-39），占当地保护区总面积的 88.63%，分别为 62.74% 和 25.89%；而其余四种类型的保护区面积所占比例均不足区域内保护区总面积的 5%。在区内空间分布上，在西侧的安第斯山脉沿线有较为连续的保护区带状分布，而资源管理保护区则在北部与中部地区均有较大的斑块状分布。

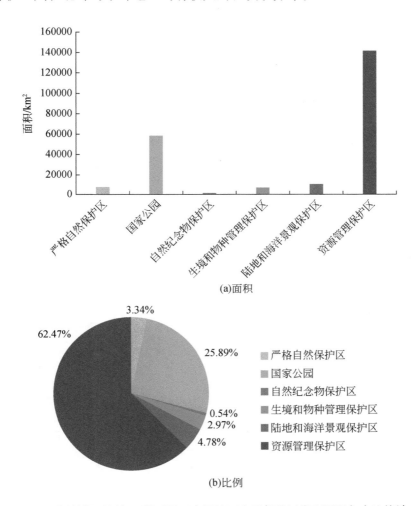

图 3-39　潘帕斯平原与巴塔哥尼亚高原地区自然保护区类型面积与占比统计

3.4　安第斯山脉沿线国家

3.4.1　区域简况

该区位于南美大陆西侧，安第斯山脉属于科迪勒拉山系，由北向南纵贯该区域，是世界上最长的山脉。沿线国家为哥伦比亚、厄瓜多尔、秘鲁、玻利维亚和智利（图3-40），其中智利为世界上地形最狭长的国家。该区地势较高，有许多海拔在6000m以上、山顶

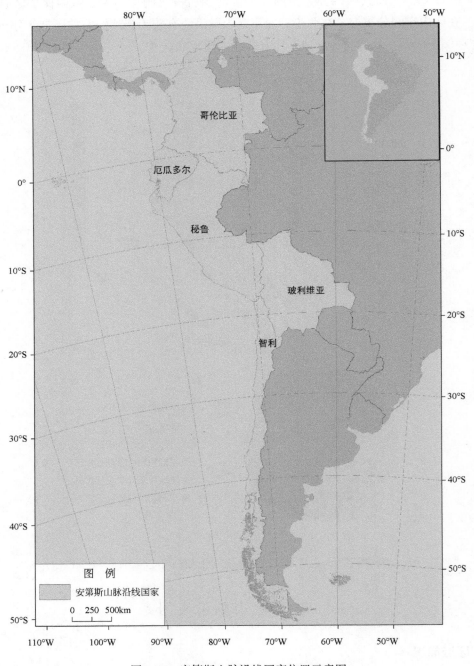

图 3-40　安第斯山脉沿线国家位置示意图

终年积雪的高山分布，除山地外还有高原分布（如玻利维亚高原等）。该区农业发展受地形因素限制较大，陆上交通也较为困难，但当地矿产资源丰富，为世界上最重要的矿区之一。

3.4.2　土地覆盖与土地开发状况

1. 土地覆盖类型以森林为主，裸地比例较大

该区土地覆盖类型主要以森林、草地、灌丛、裸地、农田五类为主（图 3-41），五类地表覆盖类型占全区总面积的 97.62%，其中森林覆盖面积最广，超过全区总面积的一半，占 53.72%，其余依次为草地（16.37%）、灌丛（10.26%）、裸地（8.96%）、农田（8.32%），而人造地表、水体、冰雪所占比重之和不足 3%。区域内各地表覆盖类型空间分布以中部裸地为轴成南北对称：中部秘鲁沿海及智利北部为热带沙漠气候，降水少，主要是由于位于安第斯山脉背风坡，并受寒流影响；以裸地为中心，向南北两侧逐渐为灌丛、草地和森林，其中森林面积较大，主要分布在北部的哥伦比亚东部、秘鲁东北部和玻利维亚东部的亚马孙平原地区，此外南部狭长地带也有针叶林分布。

2. 土地开发强度在空间上呈现出中部弱、两端强的特点

该区整体土地开发强度指数较低，空间分布呈现出南北对称的状态。土地利用程度综合指数在 200 以上的地区占全区总面积的 50.30%，综合指数小于 150 的低值区集中在中部的裸地，占总面积的 9.05%（图 3-42）。在区域内空间分布格局上，呈现出中部弱、两端强的特点：与地表覆盖类型相对应，中部地表覆盖类型为裸地，且属于热带沙漠气候，气候干旱，不适宜开发，因此为土地开发强度最低；而南部的智利中南段属于地中海气候，较适宜农业发展；北部哥伦比亚、厄瓜多尔和玻利维亚东部属于热带草原和热带雨林气候，地形较为平坦，适合规模开发，也是土地利用程度综合指数高值集中的地区。

3.4.3　气候资源分布

1. 区域水分分布格局

该区年降水量除了中部裸地之外均较为充足（图 3-43），高于 1000mm 的区域占全区的 81.09%，主要集中于北部广大地区与最南端的狭长地带，其中，年降水量高于 2000mm 的区域几乎全集中于此（占全区面积的 57.72%），高于 5000mm 的极值区也位于北部，主要原因是安第斯山脉西侧部分，由于属于北半球信风带迎风区，加上暖流影响降水量大，而安第斯山脉东侧部分属于哥伦比亚东部亚马孙河上游地带，属热带雨林气候，降水充足；而年降水量少于 500mm 的区域均分布于中部的沙漠地带。

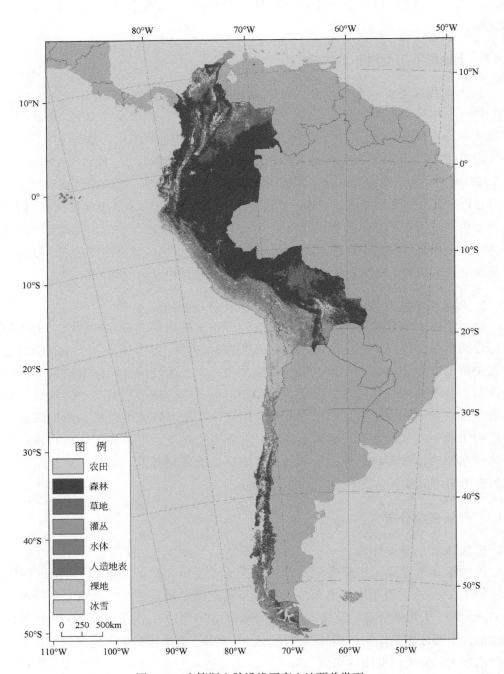

图 3-41　安第斯山脉沿线国家土地覆盖类型

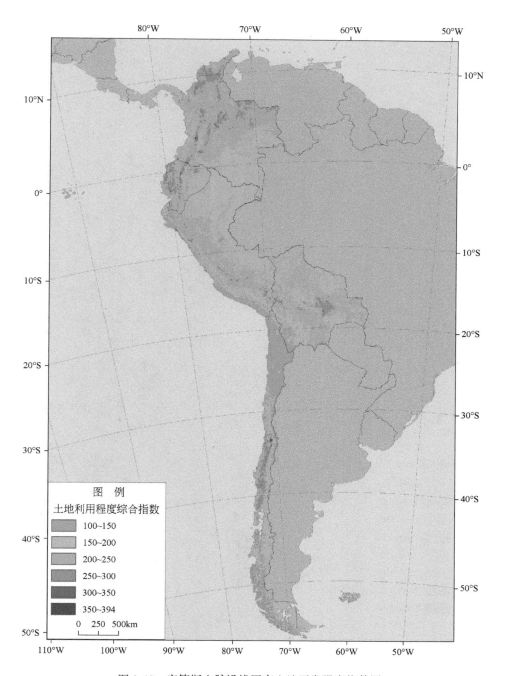

图 3-42　安第斯山脉沿线国家土地开发强度指数图

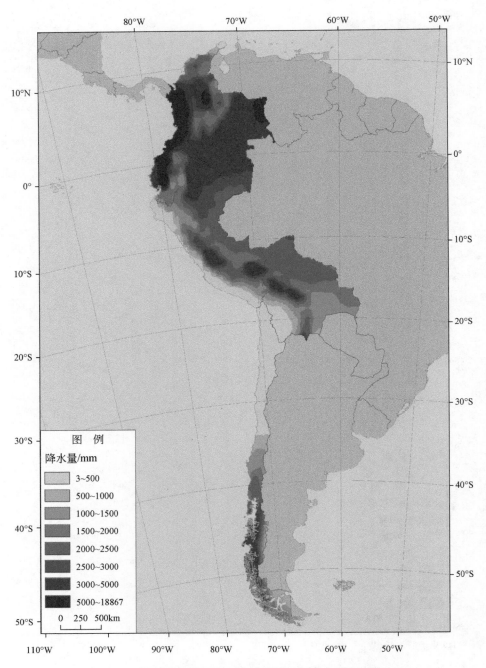

图 3-43　安第斯山脉沿线国家降水量空间分布（2014 年）

　　该区总体蒸散水平不高，年蒸散量高于 1000mm 的区域占全区的 49.88%，少于 200mm 的区域占 16.34%；空间分布与地形直接相关，属于安第斯山脉地带的蒸散量少，位于平原地带蒸散量大（图 3-44）。东北部为玻利维亚东部和东北部的亚马孙河冲积平原，

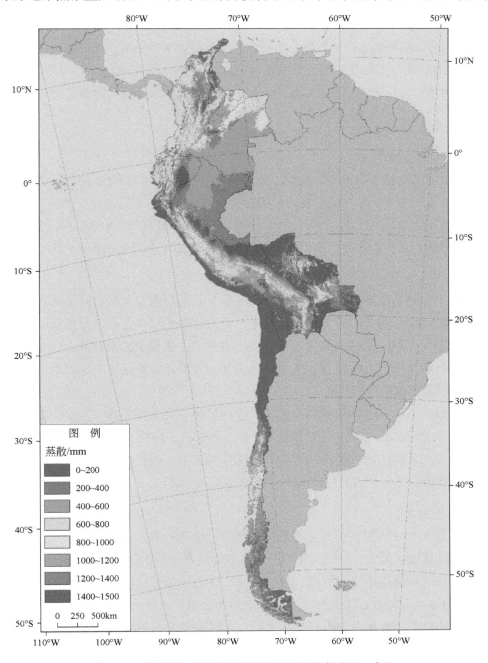

图 3-44　安第斯山脉沿线国家蒸散量空间分布（2014 年）

属热带雨林气候，降水量高，蒸散强，最高年蒸散量 1400～1500mm 均分布与此处；而中部地带属热带沙漠气候，降水稀少因此蒸散量低值区均分布于此。

2. 水分盈余充足，呈南北高、中间低的分布格局

该区水分以盈余为主，水分盈亏量大于 0mm 的区域占全区的 93.19%，大于 1600mm 的高值区占全区的 34.21%，主要分布在南北两端靠近太平洋一侧，此外高值区还分布在哥伦比亚东部的热带雨林气候区，这与降水量高值分布一致（图 3-45）。而水分盈亏小于 0mm 的区域仅占全区面积的 6.81%，分布集在中部热带沙漠气候地带。

3.4.4 主要生态资源分布

1. 农田生态系统

该区农田面积为南美洲最少的地区，农田分布面积占全区总面积的 8.32%，在空间上集中于西北部，在智利中南部与玻利维亚东部也存在一部分农田（图 3-46）。农田分布受地形与气候因素影响，如哥伦比亚沿海平原和东部亚马孙平原、玻利维亚东部平原及智利中南部的地中海气候区，这些地区地形与水热条件适合农作物生长，而其他地区无农田分布。

2. 森林生态系统

森林地上生物量总量分布范围较小，仅分布于北部与南美大陆南端，与森林地表覆盖类型分布相对应（图 3-47）。该区森林地上生物量主要分布在北部安第斯山脉东麓及亚马孙平原西部，这一地区属热带雨林气候，森林地上生物量总量较高，大于 100t/hm^2 的区域占所有森林地上生物量分布区域的 74.31%。此外还在哥伦比亚西部沿海平原与智利南部有带状森林地上生物分布。

森林年最大 LAI 的空间分布与森林地上生物量相一致（图 3-48）。该区森林年最大 LAI 也主要集中于北部地区。由于该地属于热带雨林区，植被为阔叶林，因此年最大叶面积指数值大于 4 的区域占所有森林分布区域的 79.23%。此外，智利南端有温带阔叶林与针阔混交林分布，因此森林年最大 LAI 指数略低与东北部。

3. 草地生态系统

草地年最大 LAI 的空间分布主要集中在北部与中部（图 3-49）。由于受安第斯山脉的阻隔，该区草地年最大 LAI 的高值区分布在北部的西侧与中部的东侧，低值区则相反，即分布在北部的东侧与中部的西侧。其中最大 LAI 值小于 1 的区域面积较大，占草地总面积的 42.54%；其次为 LAI 值介于 1 至 2 之间的区域，占比为 29.09%；而 LAI 值介于 2 至 3 之间的区域占比为 14.19%。总体来看，该区域草地面积分布主要集中在中北部，且最大 LAI 指数平均较小，以小于 3 为主广泛分布。

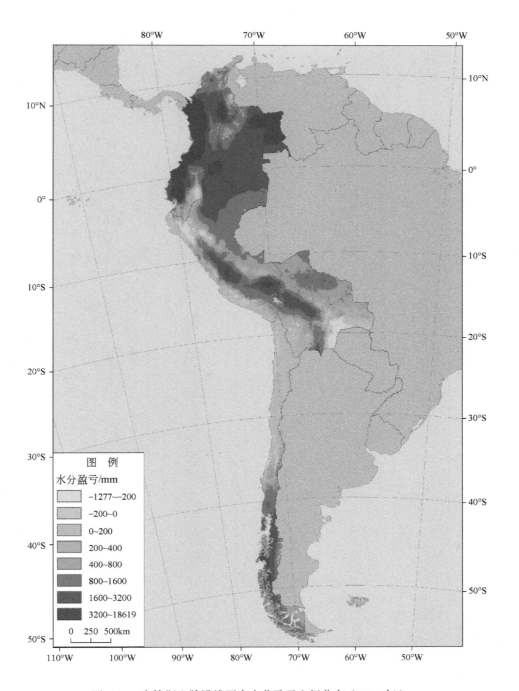

图 3-45　安第斯山脉沿线国家水分盈亏空间分布（2014 年）

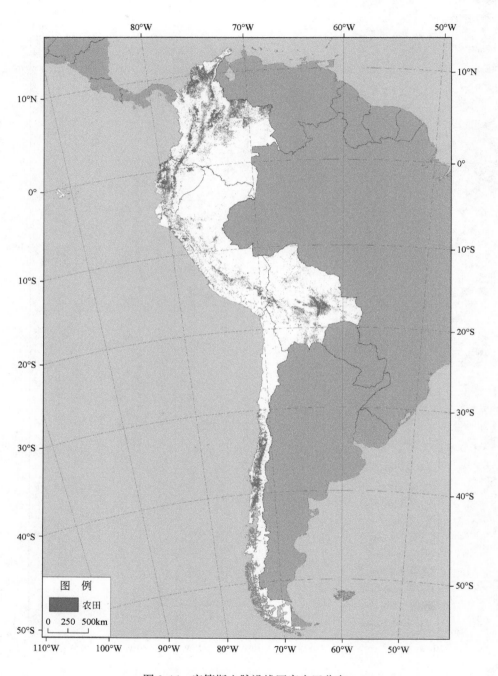

图 3-46　安第斯山脉沿线国家农田分布

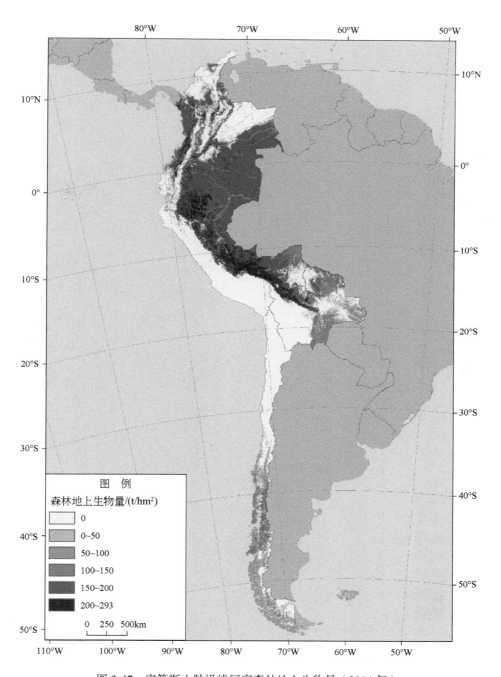

图 3-47　安第斯山脉沿线国家森林地上生物量（2014 年）

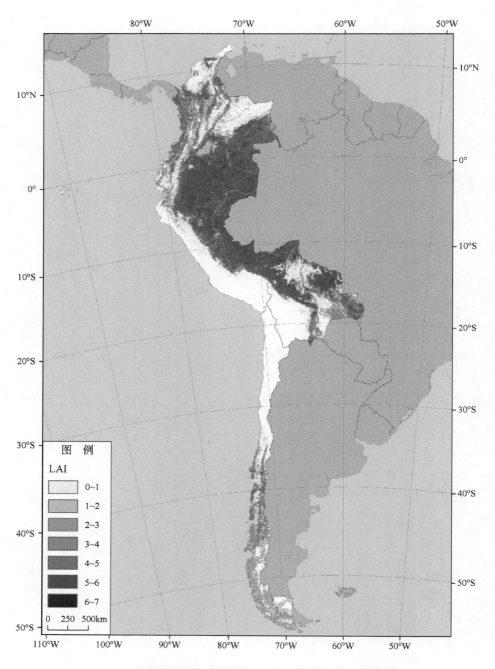

图 3-48　安第斯山脉沿线国家森林最大叶面积指数（2014 年）

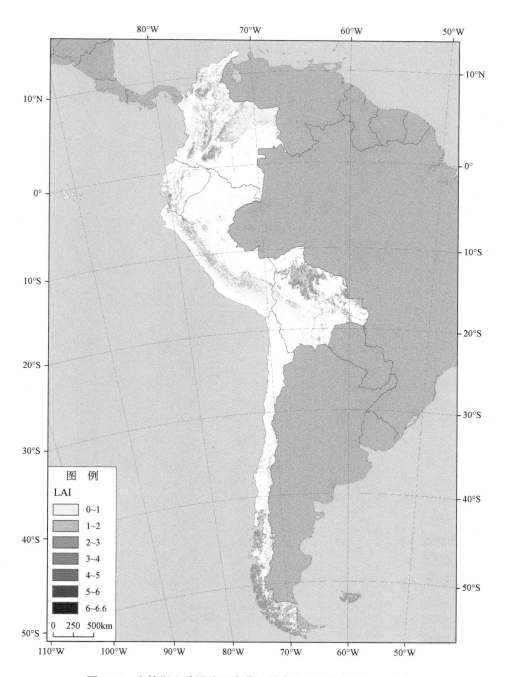

图 3-49　安第斯山脉沿线国家草地最大叶面积指数（2014 年）

3.4.5 开发活动的主要生态环境限制

1. 自然环境（地形）限制

该区以山地和平原为主，地势总体呈西高东低的格局（图 3-50）。除狭长的沿海平

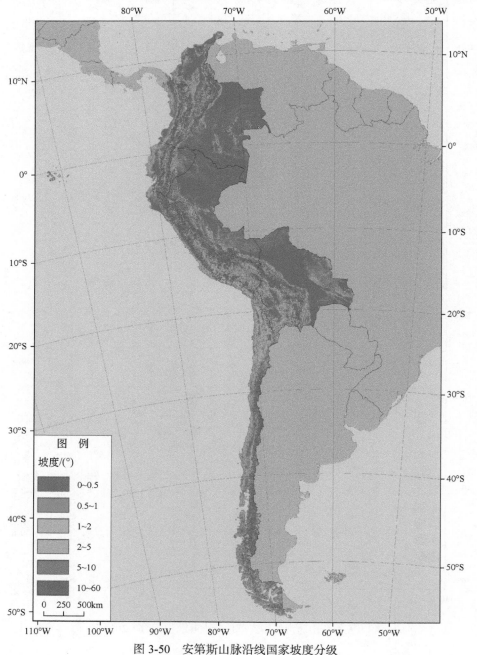

图 3-50 安第斯山脉沿线国家坡度分级

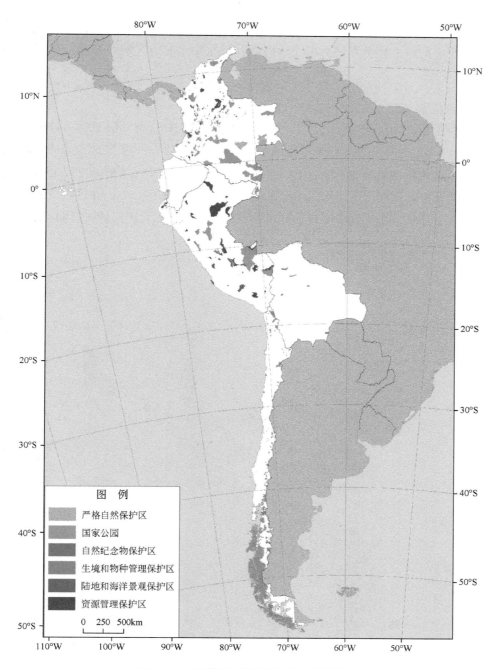

图 3-51 安第斯山脉沿线国家自然保护区

原外，地势低平的地区均分布于东北的平原地带，且坡度基本上均小于1°，占全区总面积的52.33%；西侧安第斯山脉地带坡度均大于5°，占全区总面积的25.60%，且坡度为2°～5°的地区也基本分布于此。总体来看，地形因素会对该区域西部，尤其是安第斯山脉沿线的开发与经济社会发展有很大的限制，但在东北部地区地形条件不会制约生产、开发活动。

2. 保护区需求

该区自然保护区总体面积较广、呈南、北两端集中分布，面积达451944.47km²（图3-51）。类型最多的保护区为国家公园（图3-52），占当地保护区总面积的61.55%；其次为资源管理保护区（19.38%）与生境和物种管理保护区（12.17%），其余三种类型的保护区面积所占比例均不足区域内保护区总面积的5%。在区内空间分布上，南北两端集中分布，在智利南部密集分布了国家公园和资源管理保护区这两类。

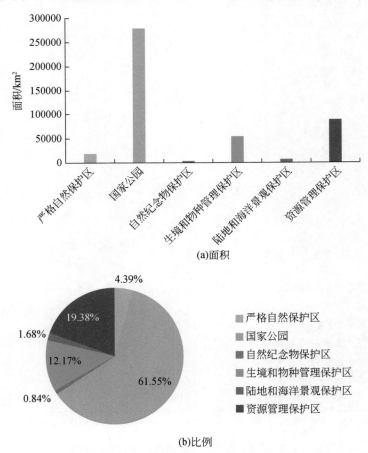

图 3-52　安第斯山脉沿线国家自然保护区类型面积与占比统计

第 4 章　南美洲重要节点城市分析

南美洲重要节点城市属性主要包括南美的政治中心、经济中心、文化中心城市，还包括区域性交通运输枢纽城市和新兴国际旅游城市，主要有巴西里约热内卢、圣保罗、巴西利亚，阿根廷布宜诺斯艾利斯，秘鲁利马，智利圣地亚哥，厄瓜多尔基多，哥伦比亚的波哥大。

4.1　里约热内卢

4.1.1　概况

里约热内卢地处巴西东南沿海地区，东南濒临大西洋，曾作为巴西的首都，有"第二首都"之称（图 4-1）。里约热内卢是巴西乃至南美洲的重要门户城市，是巴西的交通枢纽和旅游、文化、金融中心，目前也是巴西第二大工业基地和第二大城市。里约热内

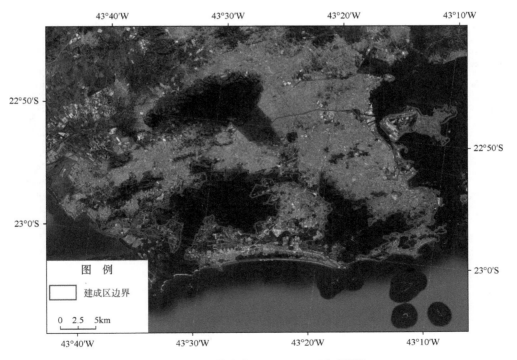

图 4-1　里约热内卢 Google earth 遥感影像

卢拥有世界三大天然良港之一的里约热内卢港，对外航运发达，是重要的国际港口城市和进出南美的门户；城市内部地铁四通八达，居民与游客出行较为便利。里约热内卢与中国的贸易联系较为紧密，其中对中国市场的石油出口快速增长，成为实现贸易顺差的重要来源。此外，里约热内卢与北京于 1986 年结成友好城市。

4.1.2 典型生态环境特征

里约热内卢属热带草原气候，终年温度偏高、年温差、日温差较小，由于临近海洋，气候较为湿润。

1. 城市建成区不透水层占地比 73.58%，绿地占地率 24.08%

以 2014 年土地覆盖数据（250m 空间分辨率）为基础，生成城市建成区不透水层图，可见里约热内卢城市发展向东西两侧扩张明显（图 4-2）。里约热内卢不透水层面积为 533.59km²，占建成区总面积的 73.58%，建成区不透水层分布最广，说明城市人造地表所占比例最大，这与里约热内卢超过 600 万人口规模相一致。绿地面积为 174.62km²，占建成区总面积的 24.08%，在各方均有分布，成片的绿地主要集中在南部与西部，这与在西部与南部之间存在生态保护区——国家公园直接相关。建成区裸地仅占建成区总面积的 0.74%，水体占建成区面积的 1.60%，主要水体以湖泊为主。

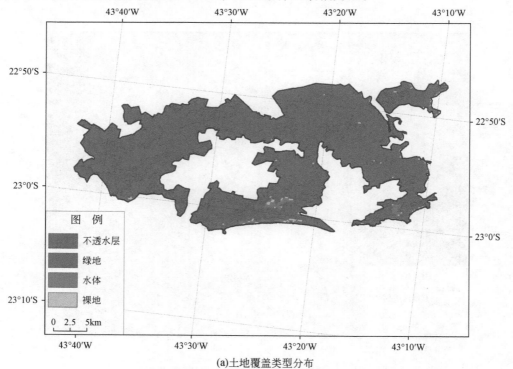

(a)土地覆盖类型分布

图 4-2　里约热内卢建成区地表土地覆盖类型分布及占地比例分布

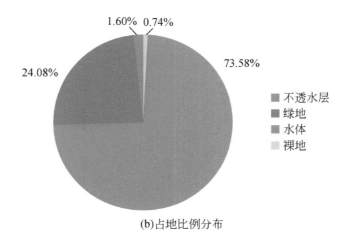

(b)占地比例分布

图 4-2（续）

2. 城市 10km 缓冲区里约热内卢周边以森林为主，人造地表分布较广

突出里约热内卢建成区周边 10km 缓冲区，分析其周边生态环境状况（图 4-3）。
由于里约热内卢为沿海城市，周边 10km 以内的缓冲区大部分以海洋为主，本书仅分析
陆地地表覆盖与其生态环境特征。里约周边主要以森林、人造地表为主，森林占地面

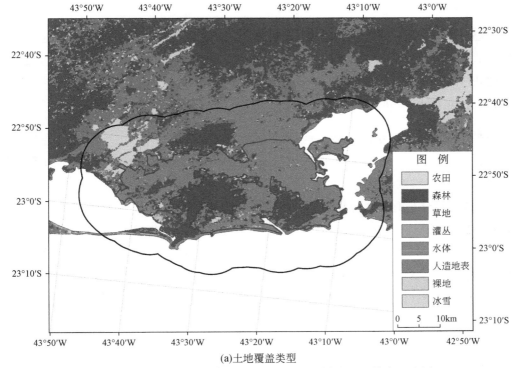

(a)土地覆盖类型

图 4-3　里约热内卢周边 10km 缓冲区土地覆盖类型及其占地比例

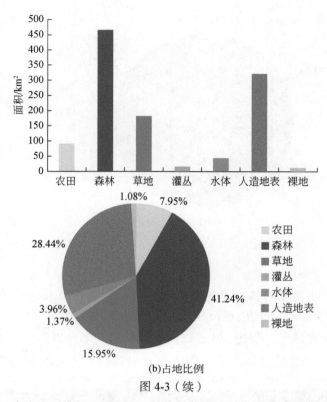

(b)占地比例

图 4-3（续）

积为 463.56km²，占地比例为 41.24%，在建成区南北均有分布；人造地表占地面积达 319.63km²，占地比例为 28.44%，主要成片分布建成区的正北方向。草地面积也较多，达 179.24km²，主要围绕森林边缘分布。另外，城市西北部有大片农田分布，缓冲区内的农田面积为 89.41km²，占地比例为 7.95%。

4.1.3　城市空间分布现状、扩展趋势与潜力评估

里约热内卢建成区灯光指数相对饱和，有由中心向东部与北部的陆地方向扩张的趋势，具备向周边发展的潜力。

里约热内卢建成区 2013 年灯光亮度极强，建成区内基本以高亮灯光为主，周边 10km 缓冲区内灯光指数也基本属于最高值区（图 4-4）。由 2000～2013 年夜间灯光变化速率图可见，2013 年里约热内卢建成区内的灯光较 2000 年变化并不显著，变化速率缓慢，速度基本为 0～0.1；其中建成区中心零星出现灯光变化速率为负，显示出当地人口由核心区向外迁移的情况。而周边缓冲区内灯光变化速率相对较快，从空间上来看，在西北与西南部速率基本大于 0.5，且大多数地区灯光变亮；而北部地区的灯光变化率自西向东逐渐减少，正北部的灯光变化速率为 0～0.1，甚至也存在小于 0 的区域。可见城市有向西蔓延扩张的趋势，具备向西北、西南方向发展的潜力（图 4-5）。

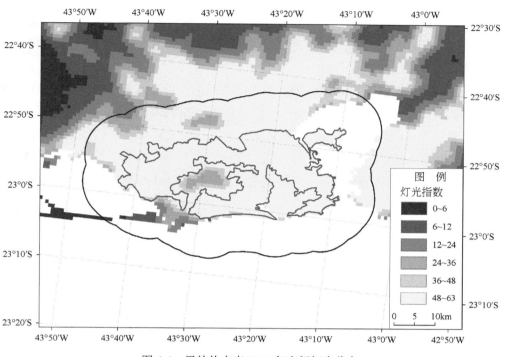

图 4-4　里约热内卢 2013 年夜间灯光分布

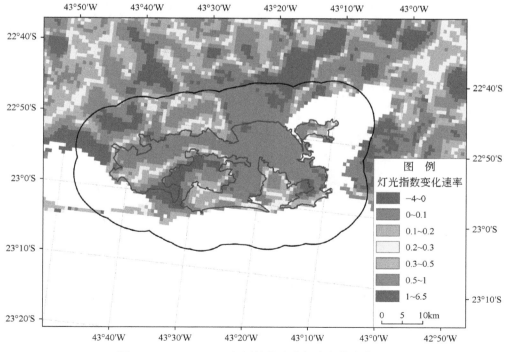

图 4-5　2000 ～ 2013 年里约热内卢灯光变化速率

4.2 圣 保 罗

4.2.1 概况

圣保罗地处巴西东南沿海，位于里约热内卢西南，是巴西乃至整体南美洲最大的城市（图 4-6）。圣保罗是南美洲人口最大的城市，包含近郊全城人口达 2017 万，仅市区人口就已超过 1100 万（2015 年）。圣保罗同时也是南美洲最富裕的城市，是巴西最大的工业城市和金融中心。圣保罗对外交通路网密集，公路、铁路、航空运输四通八达，是全球直升机运输量第三大城市；内部交通发达，但由于人口与车辆过多，交通拥堵问题突出。

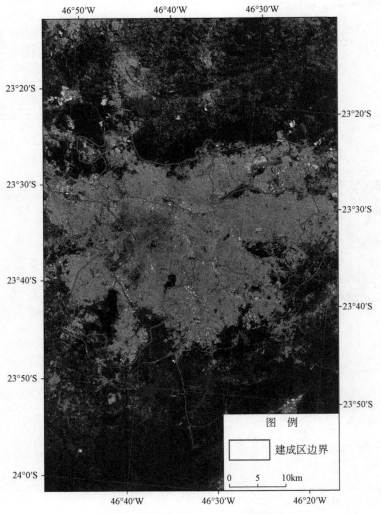

图 4-6 圣保罗 Google earth 遥感影像

4.2.2　典型生态环境特征

圣保罗气候类型与里约热内卢一样，由于地势较高，夏季凉爽多余、冬季干燥偏冷。

1. 圣保罗城市建成区不透水层占地比达 83.02%，绿地率为 13.74%

以 2014 年土地覆盖数据（250m 空间分辨率）为基础，生成城市建成区的不透水层图，绿地与水体均分布在建成区四周，可见圣保罗城市建设属于中心紧凑型（图 4-7）。圣保罗建成区裸地面积较少，为 5.04km²，仅占建成区总面积的 0.48%；建成区不透水层面积为 870.39km²，占建成区总面积的 83.02%，基本遍布整个建成区，但主要连片集中在城

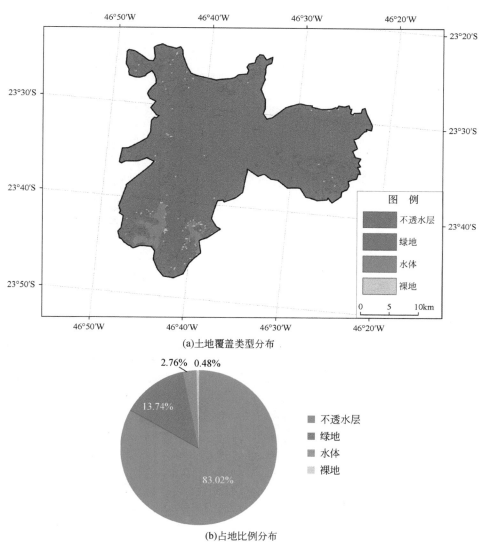

(a)土地覆盖类型分布

(b)占地比例分布

图 4-7　圣保罗建成区土地覆盖类型分布及占地比例分布

市中心区；绿地面积为 144.04km²，占建成区总面积的 13.74%，主要分布在建成区四周，水体占建成区总面积的 2.76%，主要分布在建成区西南部，以湖泊、河流为主。

2. 圣保罗城市周边以森林和人造地表为主

以圣保罗建成区周边 10km 缓冲区为界限，分析其周边生态环境状况（图 4-8）。圣保罗城市周边以森林和人造地表为主要土地覆盖类型，其中森林面积达 911.28km²，占地面积为 45.03%，森林在缓冲区内均有分布，在北部与西南部分布非常紧凑；人造地表面积达 858.80km²，占地面积为 42.43%，在缓冲区东部、南部、西部均有连片分布。缓冲区内草地与水体比例较少，占地面积分别为 8.34% 和 2.28%，在北部有连片的草地分布，水体集

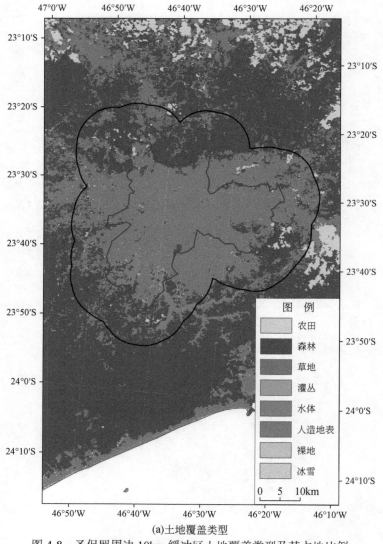

(a)土地覆盖类型

图 4-8　圣保罗周边 10km 缓冲区土地覆盖类型及其占地比例

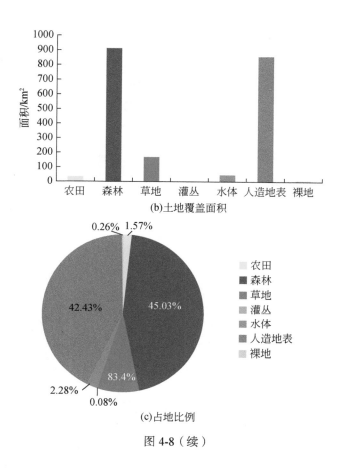

(b)土地覆盖面积

(c)占地比例

图 4-8（续）

中分布于南部的河流沼泽地带。此外，圣保罗城市周边农田、灌丛都较少，零星分布于缓冲区内。

4.2.3　城市空间分布现状、扩展趋势与潜力评估

圣保罗城市建成区及周边灯光指数相对饱和，有向四周蔓延扩张的趋势，发展空间与潜力较大。

圣保罗建成区 2013 年灯光亮度极强，建成区内、缓冲区内甚至外围地区基本都以高亮灯光为主（图 4-9）。由 2000～2013 年夜间灯光变化速率图可见，圣保罗建成区内 2013 年的灯光较 2000 年变化较为显著，大部分地区处于小于 0 的范围内，且其余地区灯光变化速率仅为 0～0.1。周边缓冲区内除了靠近建成区附近及东南、西北部灯光变化速率为负以外，缓冲区外围灯光变化速率基本为正，且变化速率较快。可见圣保罗建成区人口向外迁移的情况明显，整个城市呈现出向缓冲区外围的四周蔓延扩张的趋势，建成区进一步发展的空间与潜力相对较大（图 4-10）。

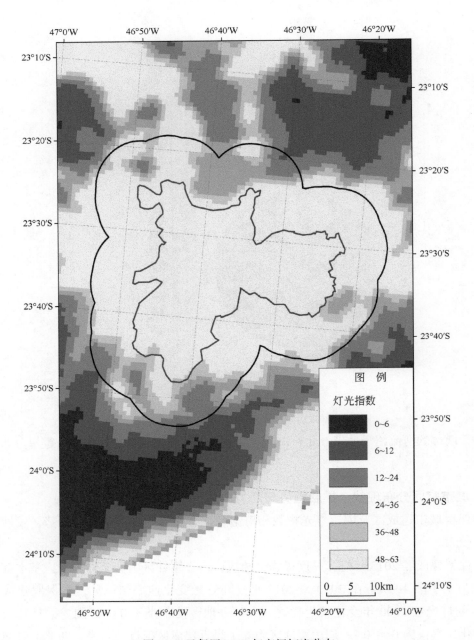

图 4-9　圣保罗 2013 年夜间灯光分布

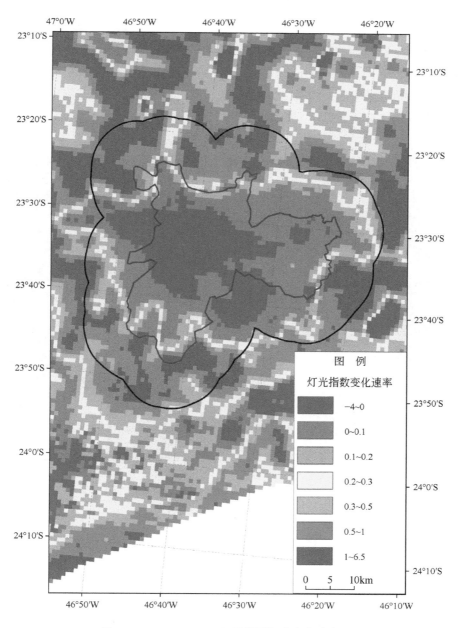

图 4-10　2000 ～ 2013 年圣保罗灯光变化速率

图　例

灯光指数变化速率

-4～0

0～0.1

0.1～0.2

0.2～0.3

0.3～0.5

0.5～1

1～6.5

0　　5　　10km

4.3　巴西利亚

4.3.1　概况

　　巴西利亚是巴西的首都，也是巴西的政治中心。其地处马拉尼翁河和维尔德河汇合而成的三角地带上，海拔 1100m，距里约热内卢与圣保罗均 900km 左右。巴西利亚是巴西第四大城市，也是巴西人均 GDP 最高的城市。巴西利亚的公路连接全国各地，航空运输发达，但铁路建设较为滞后（图 4-11）。

图 4-11　巴西利亚 Google earth 遥感影像

4.3.2　典型生态环境特征

　　巴西利亚地处高原，属热带草原气候，气候温和宜人；降雨集中在夏季，冬季较为干燥。

1. 巴西利亚城市建成区不透水层占地比为 68.15%，绿地占地比为 22.89%

　　以 2014 年土地覆盖数据（250m 空间分辨率）为基础，生成城市建成区的不透水层图，可见巴西利亚城市建成区绿地覆盖率较高、分布广泛（图 4-12）。巴西利亚建成区的裸地面积较少，仅 12.18km²，占建成区总面积的 2.37%。建成区内不透水层面积为 349.95km²，占建成区总面积的 68.15%，建成区不透水层分布较为广泛；绿地面积广阔，达 117.53km²，占建成区总面积的 22.89%，主要成片分布在建成区的中心及东部。此外，建成区内水体面积占总面积的 6.58%,主要分布在东部,主要以马拉尼翁河和维尔德河及拦河筑坝而建的帕拉诺阿人工湖为主。

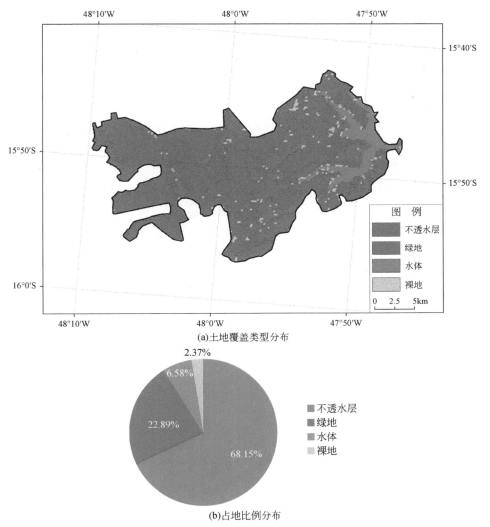

(a)土地覆盖类型分布

(b)占地比例分布

图 4-12 巴西利亚建成区土地覆盖类型分布及占地比例分布

2. 巴西利亚城市周边以草地为主,农田分布广

以巴西利亚建成区周边 10km 缓冲区为界限,分析其周边生态环境状况(图 4-13)。巴西利亚城市周边主要以草地、农田为主,其中草地占地面积为 588.97km²,占地比例为 39.19%,连片分布于缓冲区南北两侧;农田占地面积为 556.18km²,占地比例为 37.01%,在缓冲区内均有分布,连片区主要集中在西部。人造地表分布较少,占地比例仅为 7.70%,主要在东北、东南与西南三个部分有所分布。缓冲区内森林、灌丛、水体

等面积较少，零星分布在缓冲区内。

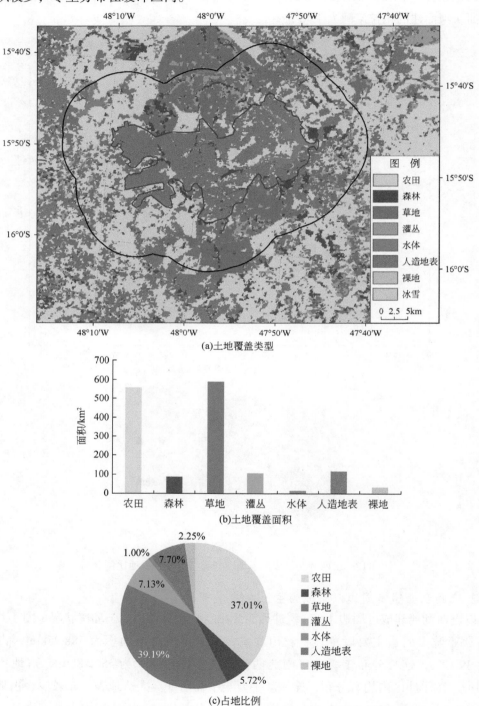

图 4-13　巴西利亚周边 10km 缓冲区土地覆盖类型及其占地比例

4.3.3　城市空间分布现状、扩展趋势与潜力评估

巴西利亚城市建成区灯光指数相对饱和，有由核心区向四周蔓延扩张的趋势，周边发展空间与潜力很大。

巴西利亚建成区 2013 年灯光亮度较强，建成区内所有地区均为高亮灯光；高亮灯光由建成区呈放射状向外蔓延，但缓冲区内仍有部分地区灯光亮度不强（图 4-14）。由 2000 ～ 2013 年巴西利亚夜间灯光变化速率图可见，建成区内灯光变化速率以小于 0 和 0 ～ 0.1 为主，说明建成区人口向外迁移趋势明显。建成区周边的 10km 缓冲区内灯光变化速率较快，大部分地区大于 1，可见城市有由建成区向周边缓冲区蔓延扩张的趋势十分明显，社会经济进一步发展的潜力较大（图 4-15）。

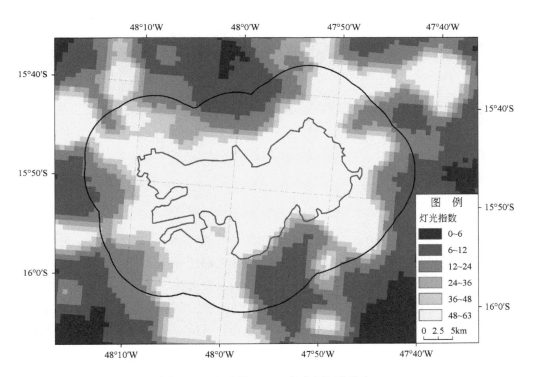

图 4-14　巴西利亚 2013 年夜间灯光分布

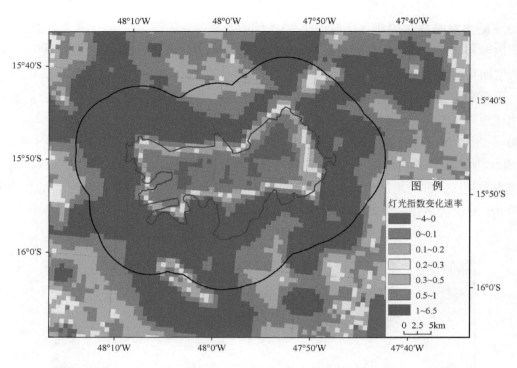

图 4-15　2000 ～ 2013 年巴西利亚灯光变化速率

4.4　布宜诺斯艾利斯

4.4.1　概况

　　布宜诺斯艾利斯位于南美洲东南沿海、阿根廷东部拉普拉塔河河口东南岸，是阿根廷的首都和最大城市，同时也是阿根廷的政治、经济、文化、交通、金融和科技中心。布宜诺斯艾利斯还是现代化的工业城市，其工业总产值占阿根廷全国的三分之二。布宜诺斯艾利斯对外交通已经形成公路、铁路、航运和航空的"海陆空"立体交通格局，市内地铁广布，交通便捷，城市建设现代化程度高，有"南美洲巴黎"之称（图 4-16）。

4.4.2　典型生态环境特征

　　布宜诺斯艾利斯属亚热带季风性气候，气候温和，冬温夏热、四季分明，降水季节分配较为均匀。

　　1.布宜诺斯艾利斯城市建成区不透水层占地比为 91.22%，绿地率为 7.94%

　　以 2014 年土地覆盖数据（250m 空间分辨率）为基础，生成布宜诺斯艾利斯城市建成区的不透水层图（图 4-17）。建成区不透水层密集，为城市最主要的土地覆盖类型。

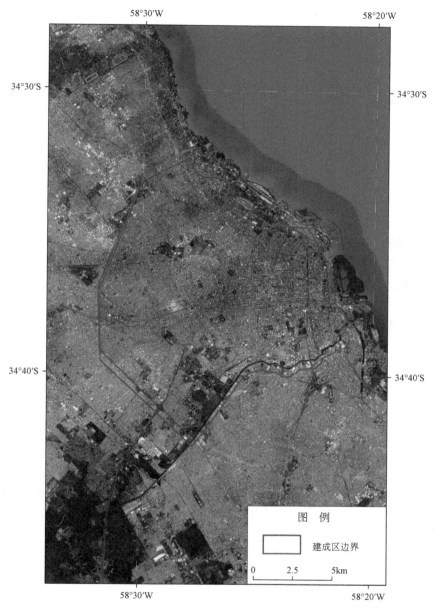

图 4-16 布宜诺斯艾利斯 Google earth 遥感影像

布宜诺斯艾利斯建成区裸地面积仅为 1.45km²，占建成区总面积的 0.79%；不透水层面积为 168.35km²，占建成区总面积的 91.22%，为该城市的主体；绿地面积为 14.65km²，占建成区总面积的 7.94%，主要连片分布在建成区南部，其余零星分布在北部与东部。水体面积十分稀少，仅占建成区总面积的 0.06%。

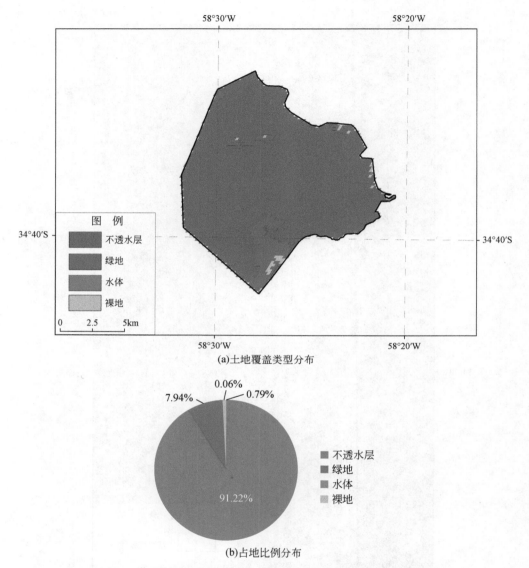

(a)土地覆盖类型分布

(b)占地比例分布

图 4-17　布宜诺斯艾利斯建成区土地覆盖类型分布及占地比例分布

2.布宜诺斯艾利斯城市周边以人造地表为主

以布宜诺斯艾利斯建成区周边 10km 缓冲区为界线，分析其周边生态环境状况（图 4-18）。布宜诺斯艾利斯城市周边主要以人造地表为主，其占地面积为 412.79km²，占地比例为 84.03%，除了东北海域外缓冲区内均有分布。草地面积也较多，占地面积为 44.38km²，占地比例为 9.03%，主要连片分布于城市的西南部。其余地表覆盖类型较少，零散分布在分布于城市缓冲区内。

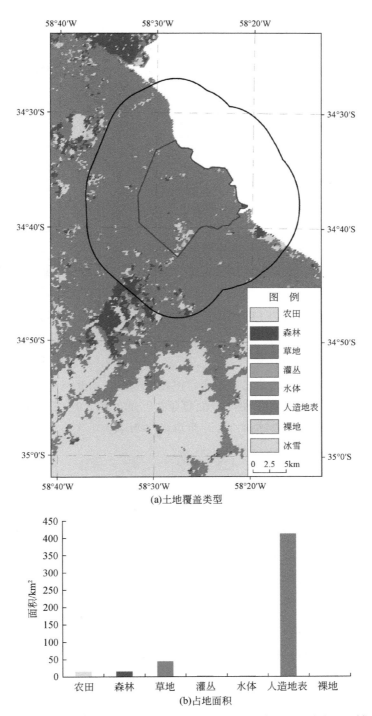

图 4-18 布宜诺斯艾利斯周边 10km 缓冲区土地覆盖类型及其占地比例

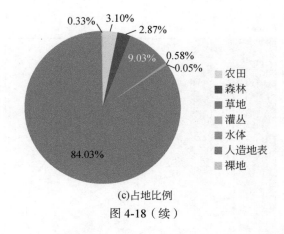

(c)占地比例

图 4-18（续）

4.4.3 城市空间分布现状、扩展趋势与潜力评估

布宜诺斯艾利斯城市建成区灯光指数相对饱和，有向南部蔓延扩张的趋势，周边发展空间与潜力不大。

布宜诺斯艾利斯建成区 2013 年灯光亮度极强，建成区均由高亮灯光覆盖，且缓冲区内灯光亮度也为最高值（图 4-19）。由 2000 ~ 2013 年布宜诺斯艾利斯夜间灯光变化速率图可见，建成区的灯光变化速率为负，主要为 -4 ~ 0；周边 10km 的缓冲区与建成区情况相似，仅在西南部的灯光变化率为正，但速率缓慢，为 0 ~ 0.1，其余地方均小于 0。由于东部为海洋，可见城市有主要向南部蔓延扩张的趋势，建成区以及缓冲区外围灯光亮度本身便已较强，因而社会经济进一步发展的潜力不大（图 4-20）。

4.5 利　马

4.5.1 概况

利马是秘鲁首都，西濒太平洋，是秘鲁的经济、文化中心，同时也是最大的港口。利马还是秘鲁的纺织、纸、油漆和食品生产中心。利马交通较为发达，为连接全国的交通中心，当地的机场是南美洲重要的空港，公路、铁路、航空均为主要的交通方式。利马城市建设呈现出古城与新城、富人区与贫民窟相对应的格局（图 4-21）。

4.5.2 典型生态环境特征

利马位于秘鲁西部沿海地区，属热带沙漠气候，但气候温和，气温年较差小；终年降雨稀少，年降水量只有 15mm 左右，有"无雨之都"的称号。

1. 利马城市建成区不透水层占地比为 99.26%，绿地占地比为 0.74%

以 2014 年土地覆盖数据（250m 空间分辨率）为基础，生成城市建成区的不透水

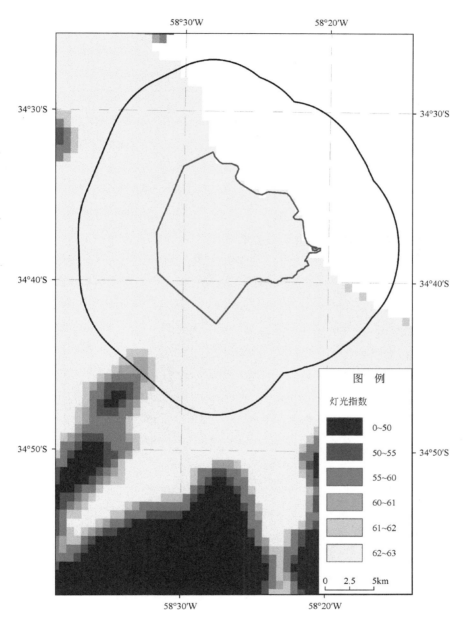

图 4-19　布宜诺斯艾利斯 2013 年夜间灯光分布

层图（图 4-22）。利马建成区规模较小，总面积不足 22km²，土地覆盖类型仅有不透水层和绿地两种，基本上均为不透水层，面积为 21.68km²，占建成区总面积达 99.26%，为南美洲不透水层比例最高的城市；绿地面积仅为 0.16km²，占建成区总面积的 0.74%，主要分布在城市南部，以城市公园为主。

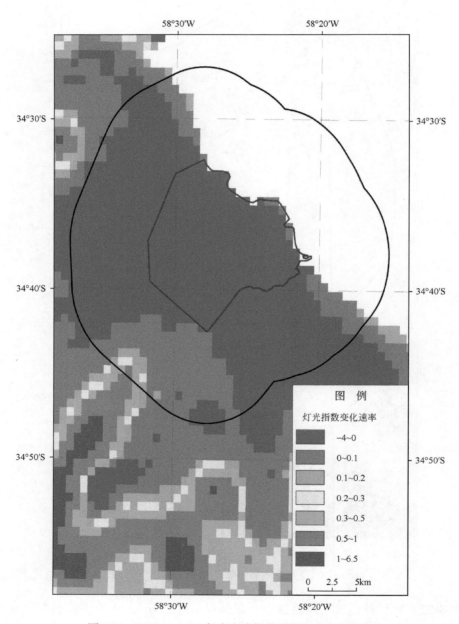

图 4-20　2000～2013 年布宜诺斯艾利斯灯光变化速率

图 4-21　利马 Google earth 遥感影像

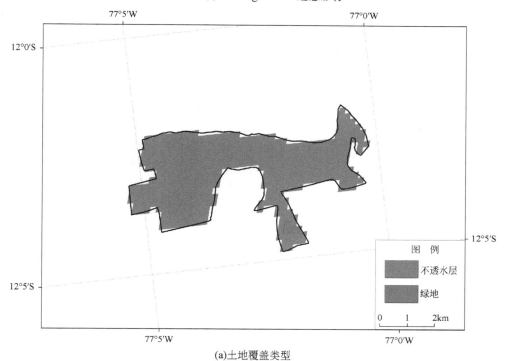

(a)土地覆盖类型

图 4-22　利马建成区土地覆盖类型分布及占地比例分布

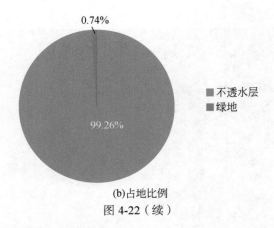

(b)占地比例

图 4-22（续）

2.利马城市周边以人造地表为主

以利马建成区周边 10km 缓冲区为界限，分析其周边生态环境状况（图 4-23）。缓冲区内以人造地表为主要的土地覆盖类型，其占地面积为 310.83km²，占地比例高达 68.32%。缓冲区内裸地占地面积为 99.01km²，占地比例达 21.76%，广泛分布在除西侧太平洋之外的其他区域，这与当地属于热带沙漠气候直接相关。此外，城市西侧连片农田分布，缓冲区内的农田面积为 14.44km²，占地比例为 3.17%。

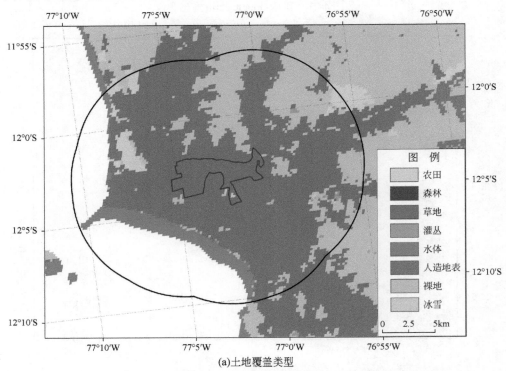

(a)土地覆盖类型

图 4-23　利马周边 10km 缓冲区土地覆盖类型及其占地比例

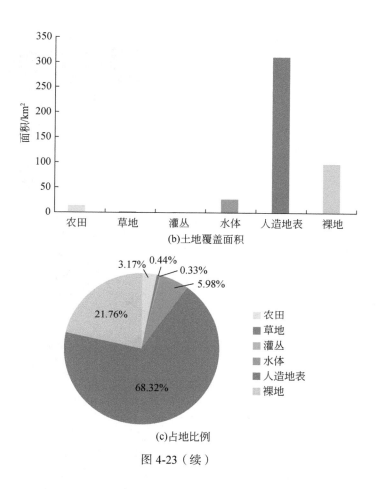

(b)土地覆盖面积

(c)占地比例

图 4-23（续）

4.5.3　城市空间分布现状、扩展趋势与潜力评估

利马城市建成区灯光指数相对饱和，有沿向东蔓延扩张的趋势，周边发展空间与潜力较大。

利马建成区内均为高亮灯光覆盖，缓冲区内基本也为高亮灯光覆盖（图 4-24）。由 2000 ～ 2013 年利马夜间灯光变化速率图可见，建成区内灯光总体变化速率呈现负值；而建成区周边 10km 缓冲区内灯光变化速率也较慢，基本为 0 ～ 0.1，但在靠近建成区的周围灯光变化速率为负。由于西侧为海洋，总体来说城市有向东蔓延扩张的趋势，尤其是在缓冲区外东侧的灯光变化速率非常快，基本大于 1，向东扩张趋势明显，社会经济进一步发展的潜力较大（图 4-25）。

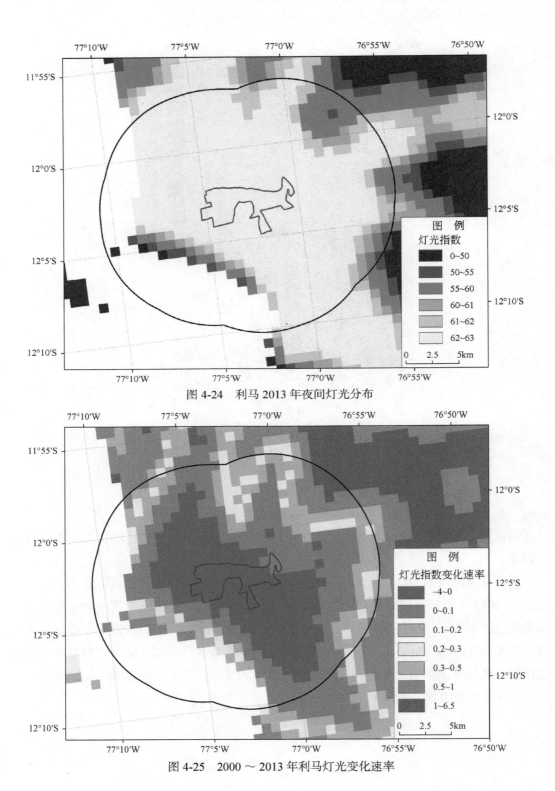

图 4-24　利马 2013 年夜间灯光分布

图 4-25　2000 ～ 2013 年利马灯光变化速率

4.6　圣地亚哥

4.6.1　概况

　　圣地亚哥是智利的首都和最大城市，东依安第斯山脉，西距太平洋约 100km，是智利的工业和金融中心，利马贡献了智利全国 45% 的 GDP。此外，圣地亚哥还是智利的陆、空交通中心，公路、铁路与航空运输发达；内部交通以地铁为主，全长 84.4km 的地铁网络连接城市的各地，居民与游客出行较为便利（图 4-26）。

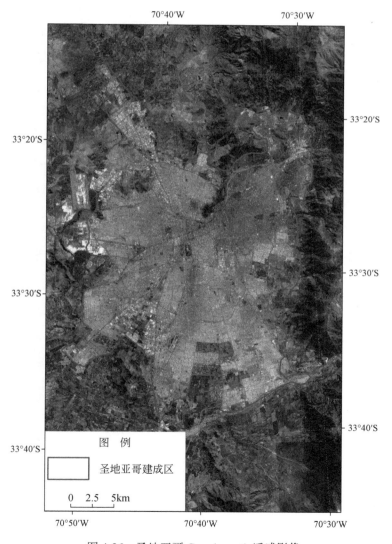

图 4-26　圣地亚哥 Google earth 遥感影像

4.6.2 典型生态环境特征

圣地亚哥地处安第斯山间盆地；属地中海式气候，冬季温和多雨、夏季高温干燥，年降水量主要集中在冬季。

1. 圣地亚哥城市建成区不透水层占地比为84.63%，绿地占地比为15.26%

以2014年土地覆盖数据（250m空间分辨率）为基础，生成城市建成区的不透水层图。圣地亚哥建成区内最主要的土地类型为不透水层及绿地（图4-27）。建成区不透水层面积为632.44km²，占建成区总面积的84.63%，不透水层分布较为密集，集中分布在建成

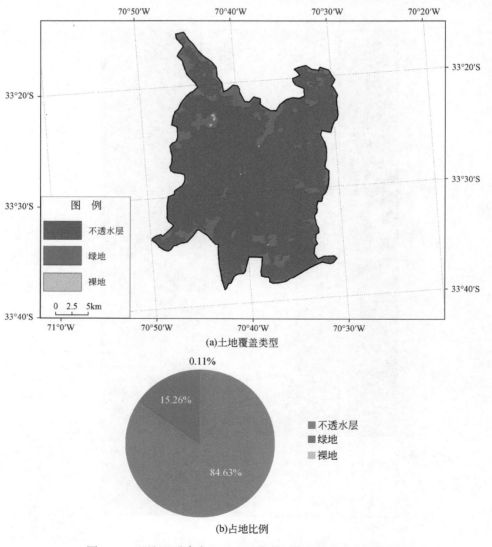

(a)土地覆盖类型

(b)占地比例

图4-27　圣地亚哥建成区土地覆盖类型分布及占地比例分布

区的中心；绿地面积为 114.04km²，占建成区总面积的 15.26%，主要分布于建成区四周边缘；裸地面积极少，仅占建成区总面积的 0.11%。

2. 圣地亚哥城市周边以农田和不透水层为主

以圣地亚哥建成区周边 10km 缓冲区为界限，分析其周边生态环境状况（图 4-28）。可以直观看出缓冲区的陆地部分以农田和灌丛为主要的土地覆盖类型，其中农田占地面积为 816.45km²，占地比例达 51.61%，均匀的连片分布于城市建成区西部与南部；灌丛占地面积为 490.60km²，占地比例为 31.01%，主要连片分布于城市建成区的东侧。

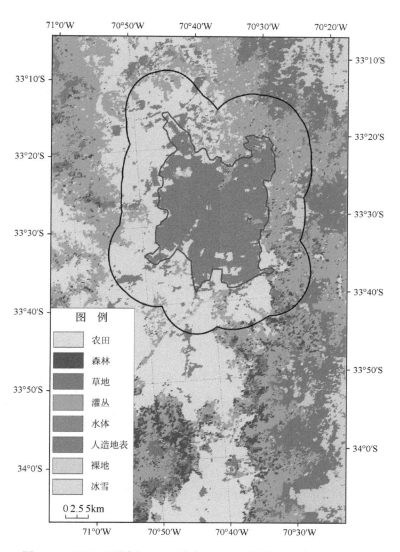

图 4-28 圣地亚哥周边 10km 缓冲区土地覆盖类型及其占地比例

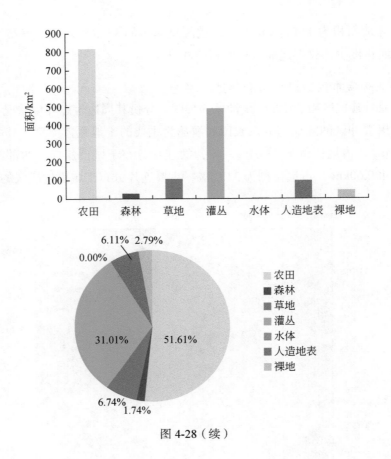

图 4-28（续）

4.6.3 城市空间分布现状、扩展趋势与潜力评估

圣地亚哥城市建成区及周边灯光指数相对饱和，城市向四周蔓延扩张趋势明显，周边发展空间与潜力较大。

圣地亚哥 2013 年夜间灯光亮度极强，建成区内全被高亮灯光覆盖，周边缓冲区内靠近建成区内侧大部分地区也被高亮灯光覆盖，低值区出现在缓冲区边缘（图 4-29）。由 2000 ~ 2013 年圣地亚哥夜间灯光变化速率图可见，近年来圣地亚哥夜间灯光亮度变化十分显著：建成区中心内灯光变化速率均为负值，建成区边缘基本为 0 ~ 0.1；缓冲区内大部分地区灯光变化速率为正，且以大于 1 的区域为主，在空间分布在东部灯光亮度变化速率要慢于其他区域，可见城市有向西、向南、向北蔓延扩张的趋势；由于周边社会经济发展水平也有待提高，其社会经济进一步发展的潜力较大（图 4-30）。

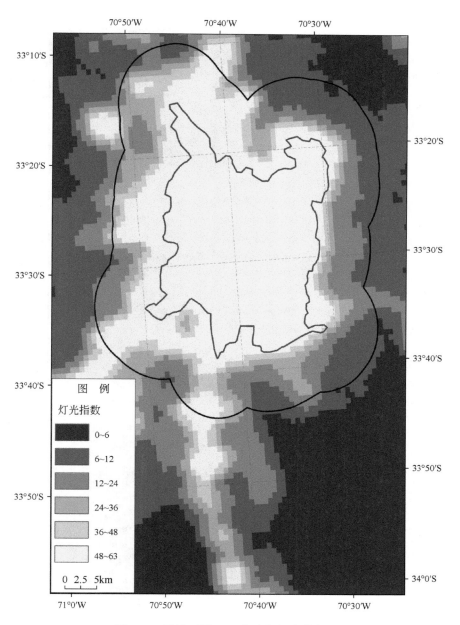

图 4-29 圣地亚哥 2013 年夜间灯光分布

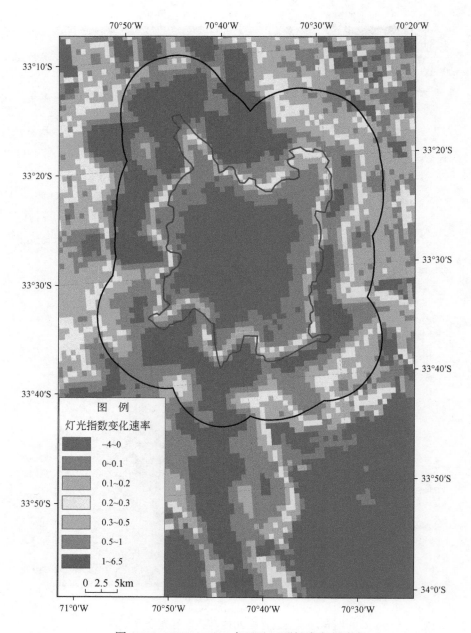

图 4-30 2000 ~ 2013 年圣地亚哥灯光变化速率

4.7　基　多

4.7.1　概况

基多为厄瓜多尔首都，临近赤道，是世界上距赤道最近的首都；又因地处安第斯山脉高原，平均海拔高于 2800m，也是世界第二高首都；同时也是厄瓜多尔的经济、文化中心。基多自古便为古印第安人的重要城市和交通中心，如今也是厄瓜多尔最大的交通枢纽，铁路与航空运输较为发达。此外基多还是厄瓜多尔重要的工业中心和南美洲主要的旅游城市，其独具特色的自然风光与人文艺术吸引着世界各地的游客（图 4-31）。

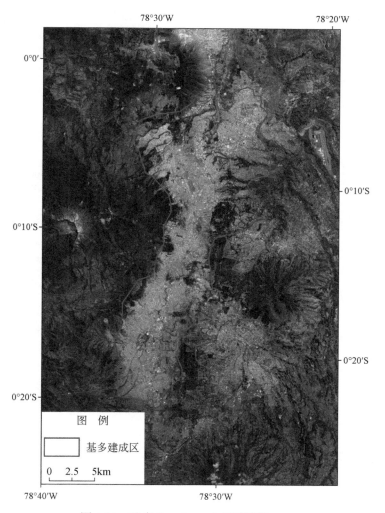

图 4-31　基多 Google earth 遥感影像

4.7.2 典型生态环境特征

基多属热带草原性气候，由于地处高原，海拔较高，气候凉爽湿润，年降水量不大，但干湿季较明显。

1. 基多城市建成区不透水层占地比为 71.37%，绿地占地比为 26.56%

以 2014 年土地覆盖数据（250m 空间分辨率）为基础，生成城市建成区的不透水层图（图 4-32）。基多建成区内裸地面积为 7.73km²，占建成区总面积的 2.06%，主要分布在建成区东北角；不透水层面积为 268.38km²，占建成区总面积的 71.37%，不透水层连片分布在建成区中心；绿地面积为 99.87km²，占建成区总面积的 26.56%，主要分布在建成区边缘，在东部有连片分布；建成区内的水体面积极小，仅占建成区总面积的 0.01%。

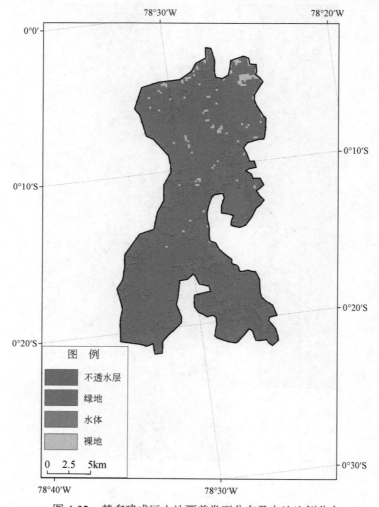

图 4-32　基多建成区土地覆盖类型分布及占地比例分布

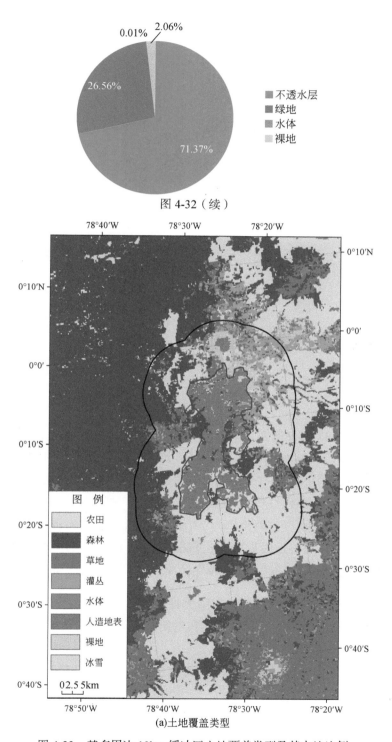

图 4-32（续）

(a)土地覆盖类型

图 4-33　基多周边 10km 缓冲区土地覆盖类型及其占地比例

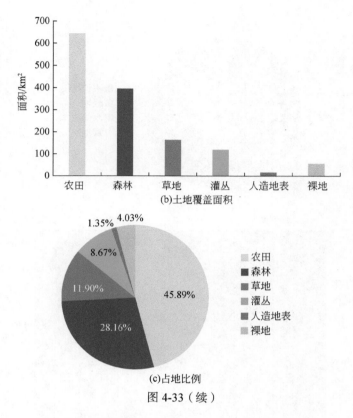

图 4-33（续）

2. 基多城市周边以农田为主，森林资源丰富

以基多建成区周边 10km 缓冲区为界限，分析其周边生态环境状况（图 4-33）。基多城市周边主要以农田、森林为主要土地覆盖类型，其中农田占地面积为 643.92km²，占地比例为 45.89%，主要连片区分布在建成区东侧、南侧；城市西侧森林茂密，缓冲区内的森林面积为 395.13km²，占地比例为 28.16%。此外，缓冲区内的草地和灌丛占地面积比例也较高，其中草地占地面积为 166.95km²，占地比例为 11.90%；灌丛占地面积为 121.60km²，占地比例为 8.67%；主要分布在缓冲区的东部、西部和北部。

4.7.3 城市空间分布现状、扩展趋势与潜力评估

基多城市建成区灯光指数相对饱和，城市有由建成区向周边放射性蔓延扩张的趋势，周边发展空间与潜力较大。

2013 年基多建成区内部基本被高亮灯光区覆盖，建成区周边灯光亮度也较强，高亮灯光覆盖区由建成区向外呈环状发展，但缓冲区外围存在部分低值区（图 4-34）。由 2000 ~ 2013 年基多夜间灯光变化速率图可见，近年来基多夜间灯光变化相对较快；建成区中心的高亮灯光区灯光变化速率较慢，小于 0 的区域极少；建成区边缘大部分地区

灯光变化速率呈正值。而周边缓冲区内灯光较亮的地区变化速率较快，基本大于0.5，尤其是东部边缘的地区灯光变化速率较快。可见城市具有由建成区向四周呈环状蔓延扩张的趋势，且向东扩张的趋势较为明显，其社会经济具备进一步发展的较大潜力（图4-35）。

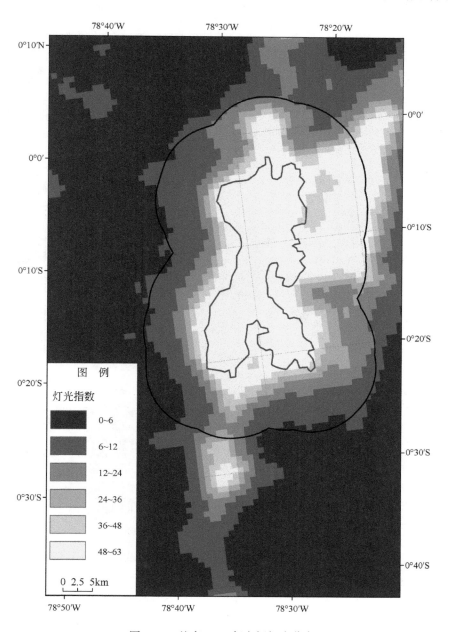

图4-34　基多2013年夜间灯光分布

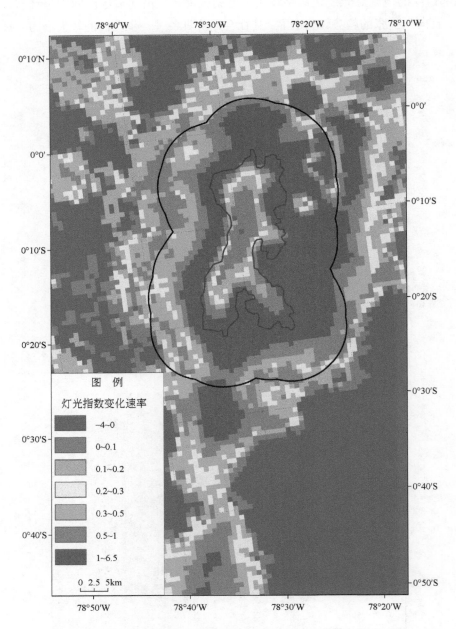

图 4-35　2000 ～ 2013 年基多灯光变化速率

4.8 波 哥 大

4.8.1 概况

波哥大位于哥伦比亚的地理中心，同时也是该国的政治、经济、文化和工业中心，处于苏马帕斯高原的谷地上，海拔在 2600 米以上。波哥大是哥伦比亚最大的城市，也是重要的交通枢纽，为全国最大的陆空交通中心，有铁路、公路通往国内外各大城市，当地机场也是南美洲第三大客运机场和最大的货运机场；市内的快速公交系统（BRT）发达，极大缓解了首都的拥堵问题。此外，波哥大拥有众多的历史文化遗产，有"南美的雅典"之称（图 4-36）。

图 4-36 波哥大 Google earth 遥感影像图

4.8.2 典型生态环境特征

波哥大虽临近赤道，但由于地形因素，属高原山地气候，终年温暖如春；年降水量较大，季节分配不均，多集中在每年 4 ～ 11 月。

1. 波哥大城市建成区不透水层占地比为 59.40%，绿地占地比为 13.25%

以 2014 年土地覆盖数据（250m 空间分辨率）为基础，生成布列斯特城市建成区的不透水层图（图 4-37）。波哥大建成区基本由不透水层、绿地和裸地三类地表覆盖类型构成，其中不透水层占地面积为 239.08km²，占地比为 59.40%，连片分布在建成区的中部与南部；绿地面积 53.34km²，占建成区面积的 13.25%，分布在建成区边缘，在东南角与西南角有连片分布；裸地占地面积较广，达 110.07km²，占建成区面积的 27.35%，集中分布在建成区的北部。

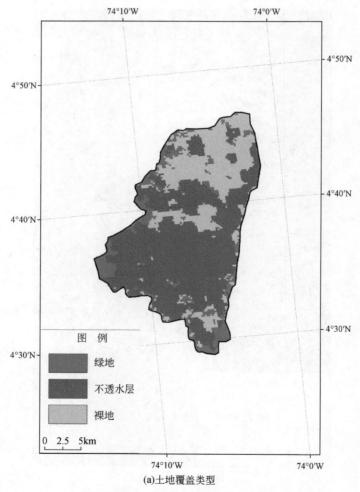

(a)土地覆盖类型

图 4-37 波哥大建成区土地覆盖类型分布及占地比例分布

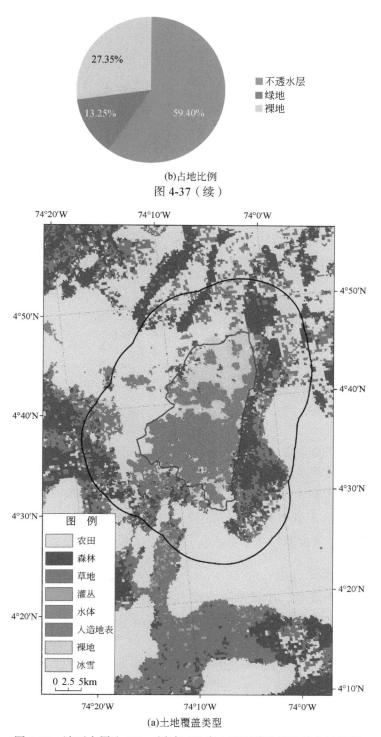

(b)占地比例

图 4-37（续）

(a)土地覆盖类型

图 4-38 波哥大周边 10km 缓冲区地表土地覆盖类型及其占地比例

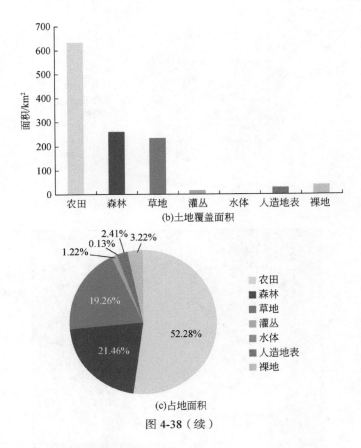

(b)土地覆盖面积

(c)占地面积

图 4-38（续）

2. 波哥大城市周边以农田、森林和草地为主

以波哥大建成区周边 10km 缓冲区为界线，分析其周边生态环境状况（图 4-38）。缓冲区农田广布，占地面积为 631.47km²，占地比例为 52.28%，连片分布在城市建成区周的西侧。建成区东侧森林茂密，缓冲区内的森林面积为 259.25km²，占地比例为 21.46%。缓冲区内草地面积达 232.85km²，占缓冲区面积的 19.28%，主要分布在缓冲区的东部与西南部。

4.8.3 城市空间分布现状、扩展趋势与潜力评估

波哥大城市建成区内灯光指数较强，城市有向外围继续发展的趋势，周边发展空间与潜力较大。

2013 年波哥大建成区内部灯光亮度极强，基本均处于灯光指数高值区域；缓冲区内处于东部的灯光指数较低，其余也基本处于亮度极强区域内（图 4-39）。由 2000～2013 年波哥大夜间灯光变化速率图可见，近年来波哥大灯光变化显著：建成区大部分地区灯光变化速率呈负值，且变化速度较慢，速度基本为 0.1～1；周边缓冲区大

部分地区灯光变化速率较快，基本均大于 0.2，且建成区西侧、南侧的缓冲区灯光变化速率超过 1。可见城市建成区具有向外围继续发展的趋势，向缓冲区西部与南部发展趋势较为明显，社会经济进一步发展具有较大潜力（图 4-40）。

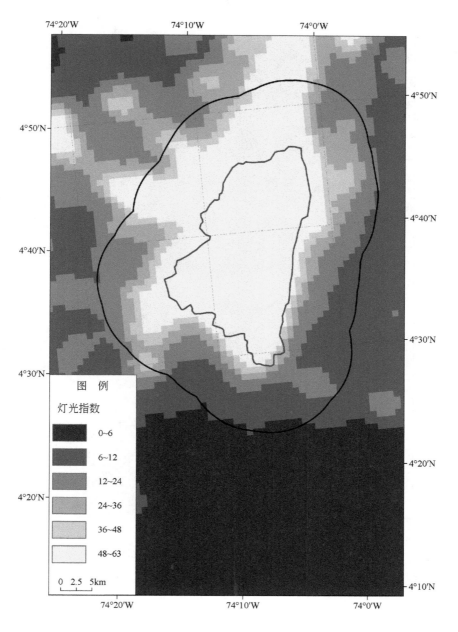

图 4-39　波哥大 2013 年夜间灯光分布

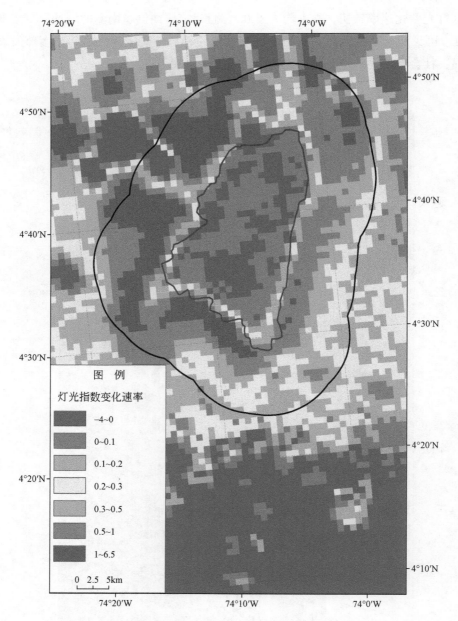

图 4-40　2000 ～ 2013 年波哥大灯光变化速率

图　例

灯光指数变化速率

- -4~0
- 0~0.1
- 0.1~0.2
- 0.2~0.3
- 0.3~0.5
- 0.5~1
- 1~6.5

0　2.5　5km

第5章 结 论

南美洲是中国重要的贸易合作伙伴，双边官方与民间交往密切。采用多源、多分辨率遥感数据及其形成的相关遥感数据产品，对南美洲的生态环境状况进行了监测与评估，主要结论如下：

5.1 生态资源丰富，生态环境优越

受地形、气候条件、肥沃的土壤等自然因素影响，南美洲自然资源储量大，生物多样性种类全；生态资源丰富、生态环境优越，其土地覆盖类型以森林、农田、草地和灌丛为主。其中，森林面积接近欧洲区总面积的一半，高达48.95%，尤其以南美北部的亚马孙平原为典型；草地与灌丛分别占南美大陆总面积的15.74%和12.21%，森林、草地、灌丛三者共占南美洲总面积的76.90%，因此南美大陆超过四分之三的土地被绿色所覆盖，体现了丰富的生态资源和优越的生态环境，在世界上较为罕见。

5.2 重要节点城市不透水层率较高，属于快速城市化时期

南美洲优越的自然资源条件为其社会经济的发展奠定了良好的基础，重要节点城市城市化进程普遍较快，各城市均呈现出向外围蔓延扩张的趋势，周边扩展空间与社会经济进一步发展潜力较大。此外，南美洲人口过多集中于城市区域内，有些城市已经扩展到缓冲区之外更大的范围，因此城市规模会进一步扩大；与此同时，城市中心区人口向外迁移的情况明显，逆城市化的现象开始出现。

5.3 生态环境限制因素少，山地地形和热带雨林气候为主要限制

南美洲地处低纬度和赤道线两侧，气候温和、雨量充沛且季节分布相对均匀，植被覆盖率高、生物多样性显著，自然资源丰富，总体生态环境优越，自然灾害较少，未对当地开发建设形成过多的限制因素。但其中地形因素会成为当地开发建设的阻碍，主要指西侧的安第斯山脉，海拔高、坡度陡，南美坡度高于10°的地区基本上均分布在西侧的安第斯山脉沿线，地形因素成为制约当地开发建设的重要因素。此外，广泛分布的热带雨林气候也是重要的制约因素之一，主要指亚马孙河流域的广大平原地区，所占面积广阔，但常年高温高湿的气候环境不适合人们的生产、开发和日常生活，不适宜在当地进行大规模的建设开发。最后，类型较多且分布广泛的自然保护区也是南美洲开发建设的一个生态环境限制因素。

参 考 文 献

石磊.2016.冷战后美国与南美洲国家的军事合作.拉丁美洲研究，3：82-101.

徐世澄.2007.南美洲国家的能源外交与合作.国际石油经济，10：37-40.

赵雪梅，周璐.2015.南美洲国家出口结构调整与经济转型的困境.拉丁美洲研究，6：9-14.

庄大方，刘纪远.1997.中国土地利用程度的区域分异模型研究.自然资源学报，2：105-111.

Peel M C，Finlayson B L，Mcmahon T A. 2007. Updated world map of theKöppen-Geiger climate classification. Hydrology & Earth System Sciences，2：439-473.

UNEP-WCMC. 2015. World Database on Protected Areas User Manual 1. 0. UNEP-WCMC：Cambridge，UK.